安徽省建设工程检测人员培训考核指南

安徽省建设工程质量安全监督总站
安徽省建筑工程质量监督检测站　编
安徽省工程质量监督检测管理协会

黄河水利出版社

内容提要

本书共分三大部分。第一部分为培训与考核,从检测试验人员岗位工作所需要了解、熟悉、掌握的理论知识和试验操作技能要求入手,介绍了水泥、砂石、砂浆、混凝土、粉煤灰、外加剂、砖、砌块、钢材、涂料、陶瓷砖、门窗、土工合成材料等30多种建筑材料(产品);同时介绍了结构混凝土强度、配筋、砌体强度、市政道路、节能、室内环境、基桩、复合地基等检测试验和操作要求,并辅以习题供检测试验人员练习;涉及现行规范、标准250多种。第二部分为基础知识,介绍了材料性质、法定计量单位、检测试验数据的处理、抽样技术和常用的技术及管理术语。第三部分为检测机构和检测人员管理的相关法规文件。

本书可作为建设工程质量检测试验人员培训用书,也可供相关专业检测试验人员参考。

图书在版编目(CIP)数据

安徽省建设工程检测人员培训考核指南/安徽省建设工程质量安全监督总站,安徽省建筑工程质量监督检测站,安徽省工程质量监督检测管理协会编. —郑州:黄河水利出版社,2007.11

ISBN 978-7-80734-308-0

Ⅰ.安… Ⅱ.①安…②安…③安… Ⅲ.建设工程-质量检验-技术培训-教材 Ⅳ.TU712

中国版本图书馆CIP数据核字(2007)第162744号

组稿编辑:王路平 电话:0371-66022212 E-mail:wlp@yrcp.com

出 版 社:黄河水利出版社

地址:河南省郑州市金水路11号 邮政编码:450003

发行单位:黄河水利出版社

发行部电话:0371-66026940、66020550、66028024、66022620(传真)

E-mail:hhslcbs@126.com

承印单位:黄河水利委员会印刷厂

开本:787 mm×1 092 mm 1/16

印张:14.75

字数:340千字 印数:1—3 600

版次:2007年11月第1版 印次:2007年11月第1次印刷

书号:ISBN 978-7-80734-308-0/TU·91 定价:35.00元

《安徽省建设工程检测人员培训考核指南》编写单位和编委会

主 编 单 位：安徽省建设工程质量安全监督总站

参 编 单 位：安徽省建筑工程质量监督检测站

安徽省工程质量监督检测管理协会

主要编写人：汪黎明　崔德密　吕列民　李　军

参加编写人：（以姓氏笔画为序）

王晓泉　王学松　王荣高　孙述彬

刘　磊　朱田生　许书萍　张今阳

张家柱　沈　敏　郑　继　郑冬保

姚　亮　徐　伟　罗居刚　盛春花

童淮清　彭建和　戴新荣

前 言

为了规范全省建设工程质量检测试验人员岗位培训考核工作，全面提高检测试验人员业务能力、技术水平及培训质量，安徽省建设工程质量安全监督总站组织编写了《安徽省建设工程检测人员培训考核指南》（以下简称《指南》）一书。本书针对建设工程质量检测试验人员岗位工作的特点，从检测试验方法、规程和产品标准所需要了解、熟悉、掌握的理论知识和试验操作技能入手，介绍了水泥、砂石、砂浆、混凝土、外加剂、砖、钢材、涂料、陶瓷砖、门窗、土工合成材料等30多种建筑材料（产品）和结构混凝土强度、砌体强度、市政道路、节能、室内环境、基桩、复合地基等方面的检测试验要求，并配以选择题、填空题、问答题和计算题供检测试验人员练习，以便更好地掌握所学的知识。

《指南》分为培训考核、基础知识、相关文件三大部分，涉及250多种现行规范、标准，内容较全面地涵盖了建设工程质量检测项目，是建设工程质量检测试验人员岗位培训与考核的指导性教材，也可供相关专业的检测试验人员培训参考。

《指南》在编写过程中参考了《江苏省建设工程质量检测人员岗位培训与考核大纲》，并广泛地征求了有关单位的意见，经过多次讨论和修改，最后经过审查定稿。

《指南》共分三大部分，分别由以下人员编写。

第一部分（按章节先后排序）：郑继第一、二、四、五、六节，童淮清第三、十、十一、十三节，吕列民第七、八、九节，刘磊第十二、十四、十六节，徐伟第十五、二十节，罗居刚第十七节，郑冬保第十八、十九、二十九、三十节，张家柱第二十一、二十二节，孙述彬第二十三、二十四节，彭建和第二十五节，许书萍第二十六节，沈敏第二十七、三十四节，朱田生第二十八节，戴新荣第三十一节，姚亮第三十二、三十三、三十五节，张今阳第三十六、四十三、四十四、四十五、四十六、四十七节，崔德密第三十七节，王晓泉第三十八、三十九节，王学松第四十、四十一节，王荣高第四十二节；

第二部分：崔德密、吕列民；

第三部分：李军、盛春花。

全书由崔德密统稿、汪黎明总校审。

本书在编写过程中得到省、市检测机构的大力支持，同时，得到邵振东、王祁青、孙道胜、宋成伟、余山雾、柯能好、徐德伟、徐超等专家的指导和帮助，在此表示感谢！

由于时间仓促，还有一些检测项目没有编入书中，所列的检测项目和参数有不足之处，在使用过程中，敬请将意见和建议反馈至安徽省建筑工程质量监督检测站，以便修订完善。

作者

2007年9月28日

前言

目　录

第二部分　基础知识

第三部分　相关文件

第一部分　培训与考核

第一章　理论知识与操作技能

第一节　水　泥

一、主要项目参数

凝结时间、安定性、强度、化学成分、细度。

二、主要技术标准

(1)《通用硅酸盐水泥》(GB 175)；
(2)《水泥胶砂强度检验方法(ISO 法)》(GB/T 17671—1999)；
(3)《水泥细度检验方法》(GB/T 1345—2005)；
(4)《水泥标准稠度用水量、凝结时间、安定性检验方法》(GB/T 1346—2001)；
(5)《水泥取样方法》(GB 12573—90)；
(6)《水泥胶砂流动度测定方法》(GB/T 2419—2005)；
(7)《白色硅酸盐水泥》(GB 2015—2005)。

三、理论知识

(一)了解

(1)通用水泥的定义、分类；
(2)普通水泥、矿渣水泥、粉煤灰水泥的组分；
(3)影响水泥强度、安定性的主要因素；
(4)几种常用水泥的主要性能差异；
(5)不同实验室比对试验结果的评定；
(6)专用水泥及特性水泥的用途。

(二)熟悉

(1)水泥凝结时间、安定性、强度的概念；
(2)水泥的取样方法；
(3)水泥胶砂流动度测定方法。

（三）掌握

（1）水泥的检验判定规则；

（2）常用普通硅酸盐水泥的技术要求。

四、操作技能

（一）了解

（1）胶砂搅拌机、振实台、维卡仪、净浆搅拌机、雷氏夹、试模、负压筛等仪器、设备的校验；

（2）水泥安定性、强度、试件拆模时间及试件试验时间允许误差；

（3）水泥的化学成分试验方法。

（二）熟悉

（1）水泥试验室（包括其内物品、材料），养护箱、养护池的温度和湿度要求；

（2）水泥标准稠度用水量、细度、胶砂流动度试验的方法。

（三）掌握

（1）水泥强度试验、凝结时间、安定性试验步骤；

（2）水泥强度试验的加荷速度、单块试件强度的计算方法和一组强度试验结果的确定方法。

第二节　砂、石

一、主要项目参数

（一）砂

颗粒级配、含泥量、泥块含量、人工砂石粉含量、坚固性、密度、含水率、氯离子含量、碱活性、有害物质含量（有机物含量、云母含量等）。

（二）石子

颗粒级配、针片状颗粒含量、含泥量、泥块含量、压碎指标值、坚固性、密度、含水率、碱活性、有机物含量。

二、主要技术标准

（1）《普通混凝土用砂、石质量及检验方法标准》（JGJ 52—2006）；

（2）《建筑用卵石、碎石》（GB/T 14685—2001）；

（3）《建筑用砂》（GB/T 14684—2001）。

三、理论知识

（一）了解

（1）标准对含泥量、泥块含量、石子针片状、压碎值、坚固性的规定及要求；

（2）砂的有害物质含量（有机物含量、云母含量）的规定及要求。

(二)熟悉

(1)砂、石颗粒级配的划分及评定;

(2)砂、石的取样与验收;

(3)砂、石的颗粒级配、含泥量、泥块含量对混凝土性能的影响。

(三)掌握

(1)砂、石的筛分析试验计算方法及结果评定;

(2)标准中强制性条文内容。

四、操作技能

(一)了解

(1)试验筛、天平、台秤、烘箱等砂石试验常用仪器设备的性能;

(2)砂、石必试项目试验仪器设备的精度及量程要求;

(3)砂、石必试项目对样品数量及备样的要求。

(二)熟悉

(1)砂、石的吸水率、密度、坚固性、压碎值、有机物含量、砂中云母含量等试验方法;

(2)砂、石试验筛、针片状规准仪、天平、量筒的操作;

(3)化学溶液的配制。

(三)掌握

(1)砂、石筛分析试验步骤;

(2)砂、石含泥量、泥块含量试验步骤;

(3)石子针片状、压碎值试验步骤;

(4)砂、石含水率、密度试验步骤;

(5)人工砂及混合砂中石粉含量试验方法;

(6)砂中氯离子含量试验方法;

(7)砂、石碱活性试验方法(快速法和砂浆长度法)。

第三节　砂　浆

一、主要项目参数

配合比、抗压强度、稠度、分层度、密度、抗冻性能、收缩、凝结时间。

二、主要技术标准

(1)《砌筑砂浆配合比设计规程》(JGJ 98—2000);

(2)《建筑砂浆基本性能试验方法》(JGJ 70—90)。

三、理论知识

(一)了解

(1)砂浆的分类;

(2)砌筑砂浆的组成材料及质量要求。

(二)熟悉

(1)拌和物取样及试样制备;

(2)砂浆的强度等级及表示方法;

(3)砌筑砂浆的技术要求。

(三)掌握

(1)砌筑砂浆的配合比计算公式中各项参数的意义;

(2)试验结果的评定及数字的修约;

(3)砌筑砂浆配合比计算及确定。

四、操作技能

(一)了解

(1)检测砂浆稠度、分层度、抗压强度、密度、抗冻性能、收缩、凝结时间所需要的仪器、设备的性能及适用范围;

(2)不同种类砂浆的标养条件;

(3)各试验参数所要求的试样数量、试件的尺寸大小及公差。

(二)熟悉

(1)砌筑砂浆配合比设计的操作程序;

(2)稠度仪、贯入阻力仪、分层度仪的使用方法及抗压强度试验的加荷速度;

(3)抗冻性能及收缩性能的试验要求。

(三)掌握

(1)砂浆稠度、分层度、密度的试验方法、试验步骤及试验结果的处理;

(2)砂浆凝结时间、抗压强度的试验方法、试验步骤及试验结果的处理。

第四节　混凝土

一、主要项目参数

稠度(坍落度、扩展度、维勃稠度)、凝结时间、表观密度、含气量、抗压强度、轴心抗压强度、劈裂抗拉强度、抗折强度、静力受压弹性模量 、动弹性模量、抗冻性、抗渗性、收缩、碳化、混凝土配合比。

二、主要技术标准

(1)《普通混凝土拌和物性能试验方法标准》(GB/T 50080—2002);

(2)《普通混凝土力学性能试验方法标准》(GB/T 50081—2002);

(3)《普通混凝土长期性能和耐久性能试验方法》(GB/T 82—85);

(4)《普通混凝土配合比设计规程》(JGJ 55—2000)。

三、理论知识

(一)了解

(1)普通混凝土的定义及建筑工程常用的其他性能混凝土;

(2)环境(水、大气)对混凝土结构的侵蚀。

(二)熟悉

(1)普通混凝土各组成材料的作用;

(2)普通混凝土的稠度、凝结时间、表观密度、含气量、抗压强度、抗折强度、抗渗性、抗冻性等物理力学性能的试验方法原理;

(3)混凝土配合比设计中水泥的品种及强度等级选择的依据;

(4)高强混凝土的配制途径。

(三)掌握

(1)混凝土配合比的实质与原则;

(2)水灰比、单位用水量、砂率3个参数的选择原则;

(3)混凝土配合比设计的具体步骤及各参数的确定方法;

(4)影响混凝土和易性、强度的主要因素;

(5)水灰比与混凝土抗压强度的关系;

(6)强度等级与标准立方体抗压强度的关系;

(7)抗渗混凝土、抗冻混凝土、高强混凝土、泵送混凝土、补偿收缩混凝土配合比设计要求;

(8)混凝土强度检验评定的方法。

四、操作技能

(一)了解

(1)静力受压弹性模量、动弹模、收缩、碳化等试验用仪器设备性能和试验方法原理;

(2)考核参数所涉及的仪器设备的校验。

(二)熟悉

(1)压力机、万能试验机的精度、量程选择和抗渗仪、抗冻仪等仪器设备的使用注意事项;

(2)轴心抗压、抗冻、劈裂抗拉强度、稠度、凝结时间、表观密度、含气量等试验的方法步骤;

(3)混凝土抗压强度、轴心抗压强度、劈裂抗拉强度、抗折强度试验用试件的尺寸、形状和公差。

(三)掌握

(1)混凝土立方体抗压强度试验步骤;

(2)混凝土抗折强度试验步骤;
(3)混凝土抗渗试验步骤;
(4)实验室混凝土的拌和、试件成型、养护的环境条件及材料的称量精度要求。

第五节　粉煤灰

一、主要项目参数

细度、需水量比、烧失量、含水量、安定性、均匀性。

二、主要技术标准

(1)《用于水泥和混凝土中的粉煤灰》(GB/T 1596—2005);
(2)《粉煤灰混凝土应用技术规范》(GBJ 146—90)。

三、理论知识

(一)了解

(1)粉煤灰适用范围;
(2)粉煤灰对混凝土性能的影响;
(3)在水泥生产中,粉煤灰作为活性混合料有哪些技术要求。

(二)熟悉

(1)等量取代法、超量取代法、超量系数等的含义;
(2)粉煤灰的超量系数与粉煤灰等级的关系;
(3)粉煤灰取代水泥的最大限量与混凝土的种类及水泥品种的关系。

(三)掌握

(1)粉煤灰的分类及拌制混凝土和砂浆用粉煤灰的等级;
(2)拌制混凝土和砂浆用粉煤灰的技术要求和判定规则;
(3)样品编号及取样数量;
(4)粉煤灰的品质指标中细度、烧失量与需水量比的关系。

四、操作技能

(一)了解

负压筛析仪、流动度跳桌等检测仪器设备的性能及安装要求。

(二)熟悉

(1)细度、需水量比试验结果的计算;
(2)细度筛及跳桌的校正方法。

(三)掌握

细度、烧失量、需水量比试验方法步骤。

第六节　外加剂

一、主要项目参数

减水率、泌水率(常压、压力)、含气量、坍落度、凝结时间差、抗压(折)强度比、收缩率比、相对耐久性、抗冻性、限制膨胀率、钢筋锈蚀、含水量(含固量)、密度、净浆(胶砂)流动度、细度、pH 值、渗透高度比、渗透压力比、净浆安定性、分层度。

二、主要技术标准

(1)《混凝土外加剂》(GB 8076—1997);

(2)《混凝土外加剂匀质性试验方法》(GB/T 8077—2000);

(3)《混凝土外加剂应用技术规范》(GB 50119—2003);

(4)《泵送剂》(JC 473—2001);

(5)《砂浆混凝土防水剂》(JC 474—1999);

(6)《混凝土防冻剂》(JC 475—2004);

(7)《混凝土膨胀剂》(JC 476—2001);

(8)《喷射混凝土用速凝剂》(JC 477—2005);

(9)《砌筑砂浆增塑剂》(JG/T164—2004)。

三、理论知识

(一)了解

(1)什么是混凝土外加剂;

(2)几种常用外加剂的种类和功能;

(3)基准水泥的技术要求;

(4)减水剂的作用机理。

(二)熟悉

(1)外加剂检验用砂、石、水泥的性能要求;

(2)掺外加剂混凝土(砂浆或净浆)性能指标及匀质性指标要求;

(3)砌筑砂浆增塑剂的性能要求。

(三)掌握

(1)普通减水剂在混凝土中的主要功能;

(2)外加剂在应用中注意的主要事项;

(3)14 种混凝土外加剂进工地现场需检测的项目;

(4)14 种混凝土外加剂的判定规则、分批编号及取样方法、取样量。

四、操作技能

(一)了解

(1)检测所用仪器设备性能及适用范围;

(2)试验阶段对实验室的环境要求。

(二)熟悉

(1)收缩率比、相对耐久性、净浆(胶砂)流动度等试验方法;

(2)渗透高度比、渗透压力比、净浆安定性和抗冻性等的试验方法。

(三)掌握

(1)密度、减水率、含气量、凝结时间、坍落度增加和损失值等试验步骤;

(2)抗压强度比、钢筋锈蚀、限制膨胀率等试验步骤。

第七节　砖

一、主要项目参数

尺寸偏差、抗压强度、抗折强度、体积密度、抗冻性、吸水率及饱和系数、孔洞率、泛霜、石灰爆裂、干燥收缩、碳化、放射性物质。

二、主要技术标准

(1)《砌墙砖试验方法》(GB/T 2542—2003);

(2)《砌墙砖检验规则》(JC 466—92);

(3)《烧结普通砖》(GB 5101—2003);

(4)《烧结多孔砖》(GB 13544—2000);

(5)《烧结空心砖和空心砌块》(GB 13545—2003);

(6)《粉煤灰砖》(JC 239—2001);

(7)《非烧结普通粘土砖》(JC 422—1991);

(8)《蒸压灰砂砖》(GB 11945—1999)。

三、理论知识

(一)了解

(1)普通砖、多孔砖、空心砖的区别和用途;

(2)各类砖的抽样方法;

(3)各类砖强度等级的划分。

(二)熟悉

(1)试验对环境(温、湿度)要求;

(2)泛霜、石灰爆裂的试验方法。

(三)掌握

(1)外观质量、尺寸偏差检查方法;

(2)抗折试验、抗压试验、体积密度、冻融试验的方法、试验结果的计算和判定依据。

四、操作技能

(一)了解

(1)各类砖的样品制备和养护方法;

(2)试验用仪器性能、精度及使用要求。

(二)熟悉

(1)外观质量、尺寸偏差的检查;

(2)砖抗折强度试验方法;

(3)砖冻融试验方法。

(三)掌握

(1)各类砖抗压强度试验方法;

(2)各类砖等级评定方法。

第八节　砌　块

一、主要项目参数

尺寸偏差、吸水率、相对含水率、体积密度、空心率、抗渗性、抗冻性、抗压强度、抗折强度、干燥收缩、碳化系数、软化系数。

二、主要技术标准

(1)《混凝土小型空心砌块试验方法》(GB/T 4111—1997);

(2)《加气混凝土力学性能试验方法》(GB/T 11969～11975—1997);

(3)《普通混凝土小型空心砌块》(GB 8239—1997);

(4)《轻集料混凝土小型空心砌块》(GB/T 15229—2002);

(5)《粉煤灰小型空心砌块》(JC 862—2000);

(6)《蒸压加气混凝土砌块》(GB/T 11968—2006);

(7)《烧结空心砖和空心砌块》(GB 13445—2003)。

三、理论知识

(一)了解

(1)砌块的种类及定义;

(2)干燥收缩、碳化系数、软化系数的检测原理。

(二)熟悉

(1)各种砌块的等级和强度等级的划分;

(2)外观质量、尺寸偏差的数量及检测方法。

(三)掌握

(1)不同砌块的抗冻性、抗渗性试验结果的计算与判定；

(2)抗压性能、抗折性能试验结果的计算与判定。

四、操作技能

(一)了解

各种试验对温、湿度的要求。

(二)熟悉

(1)各类砌块试验样品的数量及制备方法；

(2)吸水率、相对含水率的检测程序和方法；

(3)体积密度、空心率的检测程序和方法。

(三)掌握

(1)抗压强度、抗折强度的试验步骤；

(2)抗冻、抗渗试验步骤。

第九节　瓦

一、主要项目参数

尺寸偏差、抗弯(抗折)强度、石灰爆裂、抗冲击性(承载力)、抗冻性、吸水率、抗渗性(不透水性)、抗急冷急热性。

二、主要技术标准

(1)《混凝土瓦》(JC 746—1999)；

(2)《烧结瓦》(JC 709—1998)；

(3)《建筑琉璃制品》(JC/T 765—2006)；

(4)《石棉水泥波瓦及其脊瓦》(GB/T 9772—1996)；

(5)《纤维水泥制品试验方法》(GB/T 7019—1997)。

三、理论知识

(一)了解

混凝土瓦、烧结瓦的品种和各部位名称。

(二)熟悉

(1)各项试验取样数量；

(2)外观质量、尺寸偏差检查方法；

(3)吸水率、抗渗性能的试验方法和判定规则。

（三）掌握

抗弯（抗折）性能、承载力试验方法和评判规则。

四、操作技能

（一）了解

（1）各类砖的样品制备和养护方法；

（2）试验用仪器性能、精度及使用要求。

（二）熟悉

（1）外观质量和尺寸偏差检查方法；

（2）吸水率和抗渗性试验方法。

（三）掌握

（1）烧结瓦的抗弯曲性能试验步骤；

（2）混凝土瓦的承载力试验步骤。

第十节　钢　材

一、主要项目参数

屈服强度、抗拉强度、伸长率、弯曲、反复弯曲、规定非比例延伸强度、弹性模量。

二、主要技术标准

（1）《金属材料室温拉伸试验方法》（GB/T 228—2002）；

（2）《金属材料线材反复弯曲试验方法》（GB/T 238—2002）；

（3）《钢及钢产品力学性能试验取样位置及试样制备》（GB/T 2975—1998）；

（4）《金属材料弯曲试验方法》（GB/T 232—1999）；

（5）《钢筋混凝土用热轧光圆钢筋》（GB 13013—1991）；

（6）《钢筋混凝土用热轧带肋钢筋》（GB 1499—1998）；

（7）《低碳钢热轧圆盘条》（GB/T 701—1997）；

（8）《冷轧带肋钢筋》（GB 13788—2000）；

（9）《碳素结构钢》（GB 700—2006）；

（10）《冷轧扭钢筋》（JC 3046—1998）；

（11）《低合金高强度结构钢》（GB 1591—1994）；

（12）《钢筋焊接及验收规程》（JGJ 18—2003）；

（13）《钢筋焊接接头试验方法标准》（JGJ/T 27—2001）；

（14）《钢筋机械连接通用技术规程》（JGJ 107—2003）；

（15）《钢筋锥螺纹接头技术规程》（JGJ 109—96）；

（16）《带肋钢筋套筒挤压连接技术规程》（JGJ 108—96）；

（17）《镦粗直螺纹钢筋接头》（JG 171—2005）。

三、理论知识

(一)了解

(1)建筑用钢材的主要种类;

(2)检验钢材质量的主要技术指标;

(3)钢筋焊接试验方法;

(4)钢筋机械连接种类。

(二)熟悉

(1)钢材力学性能试验的取样方法、复检及判定的规定;

(2)钢材力学性能试验用术语、符号及单位;

(3)钢材屈服强度、抗拉强度、伸长率、弯曲试验、反复弯曲试验、弹性模量、规定非比例延伸强度的试验方法及试验原理;

(4)建筑用钢材的产品标准及其主要力学性能的技术指标。

(三)掌握

(1)钢材力学性能试验数据的计算和数值的修约;

(2)钢材拉伸、弯曲试验评判规则。

四、操作技能

(一)了解

(1)各种试验机的基本性能及适用范围;

(2)所用仪器设备的量程要求及精度要求;

(3)实验室的环境条件;

(4)各试验项目的取样数量及试验取样、试样制备;

(5)呈现明显屈服现象金属材料的应力—应变图;

(6)规定非比例延伸强度的试验方法。

(二)熟悉

(1)拉伸试验的试验速度及速度的控制;

(2)怎样确定和划分钢材的标距;

(3)有关钢材试验用仪器、设备的使用和操作;

(4)试件断裂特征的判定;

(5)夹持方法及夹具形状。

(三)掌握

(1)拉伸试验方法、试验步骤及试验结果的处理;

(2)弯曲试验方法、试验步骤及试验结果的处理;

(3)反复弯曲试验方法、试验步骤及试验结果的处理;

(4)焊接试验结果的判定。

第十一节　预应力钢材

一、主要项目参数

规定非比例伸长应力、极限抗拉强度、最大力总伸长率、屈强比、应力松弛率。

二、主要技术标准

(1)《预应力混凝土用钢丝》(GB/T 5223—2002);

(2)《预应力混凝土用钢棒》(GB/T 5223.3—2005);

(3)《预应力混凝土用钢绞线》(GB/T 5224—2003);

(4)《冷轧带肋钢筋》(GB 13788—2000)。

三、理论知识

(一)了解

(1)现行技术标准及规范;

(2)钢丝、钢绞线的分类、规格、品种及强度等级的划分;

(3)钢丝、钢绞线的原材料的规格、品种及其对钢绞线成品的影响。

(二)熟悉

(1)钢丝、钢绞线的主要力学性能的技术指标;

(2)产品标准和相关试验方法标准。

(三)掌握

(1)钢丝、钢绞线的试验取样方法、复检及判定的规定;

(2)钢丝、钢绞线力学性能试验数据的计算及数值的修约。

四、操作技能

(一)了解

(1)检测钢绞线对试验夹具的要求;

(2)应力松弛试验用试验机的基本性能及适用范围;

(3)钢丝、钢绞线的应力松弛试验的环境条件及其对试样和试验的要求。

(二)熟悉

(1)钢丝、钢绞线的试样要求和尺寸要求及试样尺寸的测量方法;

(2)应变测量仪的标距选择要求及安装方法;

(3)应力松弛试验试件安装要求。

(三)掌握

(1)规定非比例延伸力的确定方法;

(2)最大力总伸长率测量方法及要求;

(3)应力松弛试验的试验程序和试验数据的处理;

(4)试验机加载速度的控制方法。

第十二节　涂料(腻子)

一、主要项目参数

涂膜外观、干燥时间(适用期)、耐洗刷(磨、干擦)性、耐化学介质、耐人工老化性、耐冲击性、耐沾污性、耐温变性、耐碱性、粘结强度、对比率、细度、粘度、遮盖力、附着力、白度、抗裂性、吸水率、透水性。

二、主要技术标准

(1)《涂料粘度测定法》(GB/T 1723—1993);

(2)《漆膜附着力测定法》(GB 1720—1979);

(3)《合成树脂乳液内墙涂料》(GB/T 9756—2001);

(4)《合成树脂乳液外墙涂料》(GB/T 9755—2001);

(5)《涂料细度测定法》(GB 1724—1979);

(6)《溶剂型外墙涂料》(GB/T 9757—2001);

(7)《漆膜、腻子膜干燥时间测定法》(GB 1728—1979);

(8)《测定耐湿热、耐盐雾、耐候性(人工加速)的漆膜制备法》(GB 1765—1979);

(9)《建筑涂料涂层耐冻融循环性测定法》(JG/T 25—1999);

(10)《建筑涂料涂层耐沾污性试验方法》(GB/T 9780—2005);

(11)《色漆和清漆　涂层老化的评级方法》(GB/T 1766—1995);

(12)《色漆和清漆　人工气候老化和人工辐射暴露(滤过的氙弧辐射)》(GB/T 1865—1997);

(13)《涂层自然气候暴露试验方法》(GB/T 9276—1996);

(14)《涂料试样状态调节和试验的温湿度》(GB 9278—1988);

(15)《建筑涂料涂层耐碱性、耐洗刷性的测定》(GB 9265—1988);

(16)《漆膜柔韧性测定法》(GB 1731—1993);

(17)《水溶性内墙涂料》(JC/T 423—1991);

(18)《复层建筑涂料》(GB 9779—1988);

(19)《色漆和清漆　用流出杯测定流出时间》(GB/T 6753.4—1998);

(20)《涂料遮盖力测定法》(GB 1726—1979);

(21)《外墙无机建筑涂料》(JG/T 26—2002);

(22)《建筑材料与非金属矿产品白度测定方法》(GB/T 5950—1996);

(23)《建筑涂料、涂层耐洗刷性的测定》(GB 9266—1988);

(24)《建筑室内用腻子》(JG/T 3049—1998);

(25)《合成树脂乳液砂壁状建筑涂料》(JG/T 24—2000);

(26)《漆膜耐化学试剂测定法》(GB 1763—1979);

(27)《弹性建筑涂料》(JG/T 172—2005)；
(28)《建筑涂饰工程施工及验收规范》(JGJ/T 29—2003)；
(29)《建筑装饰装修工程质量验收规范》(GB 50210—2001)。

三、理论知识

(一)了解

(1)建筑涂料的分类；
(2)建筑涂料的基本组成。

(二)熟悉

(1)检测参数技术指标；
(2)各项参数检测方法的原理；
(3)材料抽样、复检的相关规定；
(4)试样制备的有关知识。

(三)掌握

(1)对比率公式的应用范围；
(2)各项参数技术指标的判定规则。

四、操作技能

(一)了解

(1)建筑涂料检测的温、湿度要求；
(2)各检测仪器的性能及适用范围。

(二)熟悉

(1)各涂料的取样方法、贮存要求和检测参数；
(2)各检测仪器的操作方法。

(三)掌握

(1)涂膜外观检测结果评定要求；
(2)干燥时间的测定方法；
(3)对比率的测定方法。

第十三节　沥　青

一、主要项目参数

针入度、延度、软化点、溶解度、蒸发损失、闪点、薄膜加热试验。

二、主要技术标准

(1)《石油沥青取样法》(GB/T 11147—89)；
(2)《建筑石油沥青》(GB/T 494—1998)；

(3)《道路石油沥青》(SH 0522—2000);
(4)《沥青软化点测定法(环球法)》(GB/T 4507—1999);
(5)《沥青延度测定法》(GB/T 4508—1999);
(6)《沥青针入度测定法》(GB/T 4509—1998);
(7)《石油沥青蒸发损失测定法》(GB 11964—89);
(8)《石油沥青溶解度测定法》(GB/T 11148—89);
(9)《石油产品闪点与燃点测定法(开口杯法)》(GB/T 267—1988);
(10)《石油沥青薄膜烘箱试验方法》(GB/T 5304—2001)。

三、理论知识

(一)了解

(1)石油沥青的定义;
(2)建筑石油沥青和道路石油沥青的分类;
(3)石油沥青技术指标的基本概念及防水沥青术语。

(二)熟悉

(1)石油沥青主要技术性能的要求;
(2)石油沥青的取样方法和取样数量;
(3)石油沥青针入度、延度、软化点检验的精密度。

(三)掌握

(1)石油沥青的针入度、延度、软化点判定标准及方法;
(2)石油沥青的针入度、延度、软化点的定义。

四、操作技能

(一)了解

(1)针入度仪、延度仪、软化点测定仪的性能及设备校验方面的知识;
(2)石油沥青针入度、延度、软化点试样的制作及制作要求。

(二)熟悉

(1)石油沥青实验室的环境条件;
(2)针入度仪、延度仪、软化点测定仪的使用方法;
(3)石油沥青针入度、延度、软化点试验方法。

(三)掌握

(1)石油沥青的针入度、延度、软化点的试验步骤;
(2)针入度、延度、软化点试验结果的计算及取值。

第十四节　防水材料

一、主要项目参数

不透水性、耐热度(下垂度、流变性)、拉力(拉伸强度)、伸长率、低温柔度、老化、撕裂强度、粘结性能、加热收缩率、可溶物、固含量（挥发性、加热失重）、抗穿孔性、尺寸稳定性、干燥时间（适用期）、恢复率。

二、主要技术标准

(1)《石油沥青纸胎油毡、油纸》(GB 326—89)；

(2)《建筑防水卷材试验方法》(GB/T 328—2007)；

(3)《涂料产品的取样》(GB 3186—82)；

(4)《聚氨酯防水涂料》(GB/T 12950—2003)；

(5)《聚氯乙烯防水卷材》(GB 12952—2003)；

(6)《氯化聚乙烯防水卷材》(GB 12953—2003)；

(7)《建筑防水涂料试验方法》(GB/T 16777—1997)；

(8)《弹性体改性沥青防水卷材》(GB 18242—2003)；

(9)《塑性体改性沥青防水卷材》(GB 18243—2003)；

(10)《建筑防水材料老化试验方法》(GB/T 18244—2000)；

(11)《改性沥青聚乙烯胎防水卷材》(GB 18967—2003)；

(12)《屋面工程质量验收规范》(GB 50207—2002)；

(13)《地下防水工程质量验收规范》(GB 50208—2002)；

(14)《水乳型沥青防水涂料》(JC/T 408—2005)；

(15)《聚氨酯建筑密封胶》(JC/T 482—2003)；

(16)《聚硫建筑密封胶》(JC 483—1992)；

(17)《三元丁橡胶防水卷材》(JC/T 645—1996)；

(18)《聚氯乙烯弹性防水涂料》(JC/T 674—1997)；

(19)《沥青复合胎柔性防水卷材》(JC/T 690—1998)；

(20)《氯化聚乙烯－橡胶共混防水卷材》(JC/T 684—1997)；

(21)《聚氯乙烯建筑防水接缝材料》(JC/T 798—1997)；

(22)《溶剂型橡胶沥青防水涂料》(JC/T 852—1999)；

(23)《聚合物水泥防水涂料》(JC/T 894—2001)。

三、理论知识

(一)了解

(1)防水卷材、防水涂料和油膏的分类；

(2)防水卷材、防水涂料、油膏品种和规格。

(二)熟悉

(1)检测参数技术指标；

(2)各项参数检测方法的原理；

(3)材料抽样、复检的相关规定；

(4)试样制备的有关知识。

(三)掌握

(1)材料拉伸性能的计算方法;

(2)不透水性、耐热度、柔度等试验结果的判定依据。

四、操作技能

(一)了解

(1)防水卷材、防水涂料、油膏检测的温度和湿度要求;

(2)各检测仪器的性能及适用范围。

(二)熟悉

(1)防水卷材、防水涂料、油膏的取样方法和贮存要求;

(2)各检测仪器的操作方法。

(三)掌握

(1)材料拉伸性能的试验步骤;

(2)不透水性的测定步骤;

(3)耐热度、柔度的测定步骤。

第十五节　建筑石灰

一、主要项目参数

二氧化硅、三氧化二铁、三氧化二铝、氧化钙、氧化镁、石灰结合水、二氧化碳含量、烧失量、酸不溶物、未消化残渣含量、产浆量、细度、游离水。

二、主要技术标准

(1)《建筑石灰试验方法　物理试验方法》(JC/T 478.1—92);

(2)《建筑石灰试验方法　化学分析方法》(JC/T 478.2—92);

(3)《建筑生石灰》(JC/T 479—92);

(4)《建筑生石灰粉》(JC/T 480—92);

(5)《建筑消石灰粉》(JC/T 481—92)。

三、理论知识

(一)了解

(1)建筑石灰的分类和等级;

(2)石灰的取样。

(二)熟悉

(1)建筑石灰检测参数技术指标;

(2)二氧化硅、氧化钙、氧化镁、烧失量、酸不溶物、未消化残渣含量、产浆量、细度、游离水检测的方法原理;

(3)试剂的配制；

(4)各参数的试验步骤。

(三)掌握

(1)二氧化硅、氧化钙、氧化镁、烧失量、酸不溶物、未消化残渣含量计算公式和适应范围；

(2)EDTA 标准溶液浓度配制及滴定度的计算步骤。

四、操作技能

(一)了解

(1)分析天平、箱式电阻炉的性能及适应范围；

(2)建筑石灰样品的制备方法。

(二)熟悉

(1)建筑石灰的检测程序及试验要求；

(2)分析天平、箱式电阻炉、试样筛、干燥箱的操作方法；

(3)滴定终点的判断。

(三)掌握

(1)二氧化硅、三氧化二铁、三氧化二铝、氧化钙、氧化镁、二氧化碳的测定方法；

(2)烧失量、石灰结合水、酸不溶物、游离水的测定方法。

第十六节 陶瓷砖

一、主要项目参数

外观、尺寸、吸水率、断裂模数、破坏强度、耐磨性、热(湿)膨胀、抗热震性、抗釉裂性、抗冻性、摩擦系数、色差、抗冲击性、光泽度、耐污染性、耐化学腐蚀性。

二、主要技术标准

(1)《陶瓷砖》(GB/T 4100—2006)；

(2)《陶瓷砖试验方法》(GB/T 3810—2006)；

(3)《外墙饰面砖工程施工及验收规范》(JGJ 126—2000)；

(4)《建筑装饰装修工程质量验收规范》(GB 50210—2001)。

三、理论知识

(一)了解

(1)陶瓷砖的分类、品种；

(2)常用技术术语的定义。

(二)熟悉

(1)检测参数技术指标；

(2)各项参数检测方法的原理；
(3)陶瓷砖抽样和接收条件。

(三)掌握

(1)陶瓷砖尺寸偏差的判定；
(2)吸水率、断裂模数等参数的计算方法；
(3)破坏强度、耐磨性、抗热震性、抗釉裂性和抗冻性试验结果的判定。

四、操作技能

(一)了解

(1)各项试验的温、湿度要求；
(2)各检测仪器的性能及适用范围。

(二)熟悉

各检测仪器的操作方法及校验。

(三)掌握

(1)吸水率的测定方法；
(2)材料破坏荷载、断裂模数的试验步骤；
(3)抗热震性的测定方法；
(4)抗冻性的测定方法。

第十七节 饰面砖粘结强度检测

一、主要项目参数

粘结力、粘结强度。

二、主要技术标准

(1)《建筑装饰装修工程质量验收规范》(GB 50210—2001)；
(2)《建筑工程饰面砖粘结强度检验标准》(JGJ 110—97)；
(3)《外墙饰面砖工程施工及验收规程》(JGJ 126—2000)。

三、理论知识

(一)了解

(1)不同规格标准块的适用范围；
(2)基体、粘结层的定义。

(二)熟悉

(1)粘结力、粘结强度的定义；
(2)饰面砖的取样方法和数量；
(3)试件的各种破坏状态。

(三)掌握

(1)试件的粘结强度的计算;

(2)饰面砖的粘结强度评判规则。

四、操作技能

(一)了解

(1)检测仪器的工作性能、原理及维修保养;

(2)切割机、粘结剂和断缝的规定。

(二)熟悉

(1)标准块的粘贴、固定;

(2)粘结强度测试仪的操作方法。

(三)掌握

粘结力测试方法和程序。

第十八节　混凝土和钢筋混凝土排水管

一、主要项目参数

尺寸偏差、外压荷载、内水压力、保护层厚度、吸水率。

二、主要技术标准

(1)《混凝土和钢筋混凝土排水管试验方法》(GB/T 16752—1997);

(2)《混凝土和钢筋混凝土排水管》(GB/T 11836—1999);

(3)《顶进施工法用钢筋混凝土排水管》(JC/T 640—1996);

(4)《预应力混凝土管》(GB 5696—2006)。

三、理论知识

(一)了解

(1)混凝土管分类、品种、规格;

(2)外观检查主要包括的内容;

(3)常用技术术语的定义。

(二)熟悉

(1)公称内径、管长、管壁厚度等尺寸偏差的规定;

(2)裂缝荷载、破坏荷载的规定。

(三)掌握

(1)外观质量、保护层厚度的评定;

(2)内水压试压制度及试验结果评定;

(3)外压荷载结果计算及评定。

四、操作技能

（一）了解

（1）外观检查、吸水率、保护层厚度检测所用仪器和量具；

（2）内水压试验设备组成；

（3）外压荷载试验设备组成。

（二）熟悉

（1）外观检查和尺寸检测方法；

（2）保护层厚度检测方法和程序；

（3）内水压和外压荷载试验方法。

（三）掌握

（1）内水压试验步骤；

（2）外压荷载试验步骤。

第十九节 PVC 水管

一、主要项目参数

外观尺寸偏差、拉伸性能、扁平试验、液压试验、环刚度、落锤冲击、纵向回缩率、维卡软化温度、管件坠落、烘箱试验。

二、主要技术标准

（1）《建筑排水用硬聚氯乙烯管材》（GB/T 5836.1—1992）；

（2）《建筑排水用硬聚氯乙烯管件》（GB/T 5836.2—1992）；

（3）《给水用硬聚氯乙烯（PVC—U）管材》（GB/T 10002.1—1996）；

（4）《给水用硬聚氯乙烯（PVC—U）管件》（GB/T 10002.2—2003）；

（5）《给水用聚乙烯（PE）管材》（GB/T 13663—2000）；

（6）《低压输水灌溉用硬聚氯乙烯（PVC—U）管材》（GB/T 13664—2006）；

（7）《热塑性塑料管材纵向回缩率的测定》（GB/T 6671—2001）；

（8）《热塑性塑料管材、管件维卡软化温度的测定》（GB/T 8802—2001）；

（9）《热塑性塑料管材环刚度的测定》（GB/T 9647—2003）；

（10）《热塑性塑料管材 拉伸性能测定. 第 1 部分：试验方法总则》（GB/T 8804.1—2003）；

（11）《热塑性塑料管材耐外冲击性能试验方法 时针旋转法》（GB/T 14152—2001）；

（12）《硬聚氯乙烯管件坠落试验方法》（GB/T 8801—2001）；

（13）《注射成型硬质聚氯乙烯（PVC—U）、氯化聚氯乙烯（PVC—C）、丙烯腈－丁二烯－苯乙烯三元共聚物（ABS）和丙烯腈－苯乙烯－丙烯酸盐三元共聚物（ASA）管件热烘

箱试验方法》(GB/T 8803—2001);

(14)《流体输送用热塑性塑料管材耐内压试验方法》(GB/T 6111—2003)。

三、理论知识

(一)了解

(1)各种规格管材、管件的分类和标记表示方法;

(2)管材外观尺寸的几何定义、公称外径和壁厚的规格尺寸。

(二)熟悉

(1)管材、管件的组批、抽样和判定规则;

(2)管材壁厚、管径的测量结果表示;

(3)管材纵向回缩率的几种试验方法;

(4)管件坠落、烘箱试验原理;

(5)管材扁平试验、环刚度、落锤冲击试验原理。

(三)掌握

(1)管材拉伸性能试验原理;

(2)管材液压试验原理;

(3)管材维卡软化温度的概念和试验原理。

四、操作技能

(一)了解

(1)各种试验环境要求和样品状态调节时间;

(2)试样在试验前的预处理;

(3)管件坠落试验步骤;

(4)管件烘箱试验和管材纵向回缩率试验步骤及对烘箱的要求;

(5)管材尺寸测量方法。

(二)熟悉

(1)管材扁平、落锤冲击、环刚度试验操作步骤;

(2)管材拉伸性能、液压试验、维卡软化温度试验设备的要求和操作方法。

(三)掌握

(1)管材拉伸性能、液压试验、维卡软化温度测定试样要求和制备方法;

(2)管材拉伸性能试验的试验步骤,包括试验机拉伸速度、屈服点负荷和最大负荷的读取、断裂伸长标距方法、试验结果的计算;

(3)管材液压试验步骤,包括试验压力计算、试验压力的保持时间和续压顺序、试样破坏结果的判定。

第二十节　化学分析（水泥、钢材、水）

一、主要项目参数

烧失量、不溶物、二氧化硅、三氧化二铁、三氧化二铝、氧化钙、氧化镁、三氧化硫、二氧化钛、氧化钾、氧化钠、硫化物、氟、游离氧化钙、含水量、碳、硅、锰、硫、磷、钒、铌、钛、pH值、钙离子、镁离子、硫酸根离子、硬度、可溶物。

二、主要技术标准

（1）《水泥化学分析方法》（GB/T 176—1996）；

（2）《水工混凝土水质分析实验规范》（DL/T 5152—2001）；

（3）《钢铁及合金化学分析方法　管式炉内燃烧后气体容量法测定碳含量》（GB/T 223.69—1997）；

（4）《钢铁及合金化学分析方法　还原型硅钼酸盐光度法测定酸溶硅含量》（GB/T 223.5—1997）；

（5）《钢铁及合金化学分析方法　高碘酸钠（钾）光度法测定锰含量》（GB/T 223.63—1988）；

（6）《钢铁及合金化学分析方法　二安替比林甲烷磷钼酸重量法测定磷含量》（GB/T 223.3—1988）；

（7）《钢铁及合金化学分析方法　管式炉内燃烧后碘酸钾滴定法测定硫含量》（GB/T 223.68—1997）；

（8）《钢铁及合金化学分析方法　钽试剂萃取光度法测定钒含量》（GB/T 223.14—1989）；

（9）《钢铁及合金化学分析方法　离子交换分离－氯磺酚S光度法测定铌含量》（GB/T 223.40—1985）；

（10）《钢铁及合金化学分析方法　二安替比林甲烷光度法测定钛含量》（GB/T 223.17—1989。

三、理论知识

（一）了解

（1）水泥的品种、基本组成；

（2）钢材的种类；

（3）水样的采集、储存。

（二）熟悉

（1）水泥、水、钢材化学成分技术指标；

（2）水泥烧失量、不溶物、氧化钙、氧化镁、三氧化硫检测方法；

（3）水的pH值、钙离子、镁离子、硫酸根离子、氯离子检测方法；

(4)钢材的碳、硅、锰、硫、磷检测方法。

(三)掌握

(1)烧失量、不溶物、二氧化硅、氧化钙、氧化镁、三氧化硫和含水量计算公式及数据的修约;

(2)钢材中锰、磷标准曲线的绘制;

(3)标准溶液的配制。

四、操作技能

(一)了解

(1)分析天平、箱式电阻炉、干燥箱、管式炉、分光光度计等仪器的性能和适用范围;

(2)水泥、水、钢材化学分析样品的制备方法;

(3)测量仪器的校准。

(二)熟悉

(1)水泥、水、钢材化学分析的试验要求和程序;

(2)分析天平、箱式电阻炉、干燥箱、管式炉、分光光度计、火焰光度计的操作方法。

(三)掌握

(1)烧失量、不溶物、二氧化硅、氧化钙、游离氧化钙、氧化镁的测定方法;

(2)三氧化二硫、氧化钾、氧化钠的测定方法;

(3)水的 pH 值、氯离子的测定方法;

(4)碳、硅、锰、硫、磷的测定方法。

第二十一节　土工合成材料

一、主要项目参数

厚度、宽度、单位面积质量、拉伸强度、伸长率、撕破强力、顶破强力、渗透性能、当量孔径。

二、主要技术标准

(1)《土工合成材料短纤针刺非织造土工布》(GB/T 17638—1998);

(2)《土工合成材料长丝纺粘针刺非织造土工布》(GB/T 17639—1998);

(3)《土工合成材料长丝机织土工布》(GB/T 17640—1998);

(4)《土工合成材料裂膜丝机织土工布》(GB/T 17641—1998);

(5)《土工合成材料非织造复合土工膜》(GB/T 17642—1998);

(6)《塑料　拉伸性能的测定:总则》(GB/T 1040.1—2006);

(7)《塑料　拉伸性能的测定:模塑和挤塑塑料的试验条件》(GB/T 1040.2—2006);

(8)《塑料　拉伸性能的测定:薄膜和薄片的试验条件》(GB/T 1040.3—2006);

(9)《塑料　拉伸性能的测定:各向同性和正交各向异性纤维增强复合材料的试验条

件》(GB/T 1040.4—2006);

(10)《土工合成材料塑料土工格栅》(GB/T 17689—1999)。

三、理论知识

(一)了解

(1)土工合成材料的定义和分类;

(2)影响土工合成材料强度的因素。

(二)熟悉

(1)常用土工合成材料的主要技术要求;

(2)土工合成材料试验取样方法。

(三)掌握

(1)土工合成材料各项指标的判别标准及方法;

(2)检测数据的处理和评定。

四、操作技能

(一)了解

(1)厚度试验仪、拉伸试验机和各种夹具的安装及其校验方法;

(2)试验取样要求和试样制备要求。

(二)熟悉

(1)拉伸试验机的操作方法;

(2)垂直渗透性能试验仪器的操作方法。

(三)掌握

(1)厚度、宽度、单位面积质量、拉伸性能、撕破强力、顶破强力、垂直渗透性能的试验步骤;

(2)各种参数试验结果的计算和取值。

第二十二节　土　工

一、主要项目参数

密度、比重、颗粒分析、含水率、界限含水率、砂的相对密度、最大干密度、最优含水率、贯入度、承载比、击实试验。

二、主要技术标准

(1)《土工试验方法标准》(GB/T 50123—1999);

(2)《建筑地基基础设计规范》(GB 50007—2002)。

三、理论知识

(一)了解

(1)土的形成条件和组成;

(2)土的性能的影响因素。

(二)熟悉

(1)密度试验中环刀法、灌砂法、灌水法的基本原理;

(2)筛分析法取样数量的要求;

(3)砂的相对密度原理和应用条件。

(三)掌握

(1)土的基本物理性能指标的物理意义、计算公式;

(2)利用土的基本物理性能进行相关参数指标之间的换算;

(3)含水率、密度的计算方法;

(4)最大干密度、最优含水率的确定方法;

(5)试验成果的判别和数据修约规定。

四、操作技能

(一)了解

(1)环刀、液塑限联合测定仪、击实仪和相对密度仪校验方法;

(2)试样的制备和饱和方法。

(二)熟悉

(1)灌砂法、灌水法试验的操作要求;

(2)天平的正确使用方法;

(3)含水率试验的温度控制标准;

(4)击实试验试样的制备要求;

(5)贯入度承载比试验方法。

(三)掌握

(1)含水率、密度、界限含水率和砂的相对密度试验步骤;

(2)击实试验步骤;

(3)填土地基的检测。

第二十三节　沥青混合料

一、主要项目参数

沥青含量、矿料级配、抗压强度、马歇尔稳定度(含浸水)、劈裂抗拉强度、弯曲试验、饱水率、密度、矿料间隙率、空隙率、渗水系数、收缩系数。

二、主要技术标准

(1)《公路工程沥青及沥青混合料试验规程》(JTJ 052—2000);
(2)《公路沥青路面施工技术规范》(JTG F40—2004);
(3)《沥青路面施工及验收规范》(GB 50092—96);
(4)《公路工程集料试验规程》(JTG E42—2005)。

三、理论知识

(一)了解

(1)沥青混合料的取样方法、数量要求;
(2)区分标准马歇尔试件与大型马歇尔试件的不同尺寸要求。

(二)熟悉

(1)沥青混合料的渗水试验数据的计算与结果评定;
(2)沥青混合料空隙率、矿料间隙率和沥青饱和度计算公式。

(三)掌握

(1)沥青混合料密度测定方法、适用范围;
(2)矿料的合成毛体积相对密度计算公式;
(3)矿料的有效相对密度计算公式;
(4)沥青混合料理论最大相对密度计算公式;
(5)马歇尔稳定度试验适用范围、数据计算和结果评定;
(6)沥青混合料中沥青含量的试验目的、数据计算和结果评定;
(7)矿料最佳级配的合成原理。

四、操作技能

(一)了解

(1)浸水电子天平、马歇尔稳定度试验机和路面渗水仪的量程及精度,马歇尔电动击实仪、沥青抽提仪等设备的性能指标要求;
(2)矿料筛分试验用标准筛的筛孔尺寸大小;
(3)成型马歇尔试件时,沥青混合料在拌和机中加热温度范围的选择原则;
(4)沥青混合料抗压强度与劈裂抗拉强度试验操作方法与步骤。

(二)熟悉

(1)沥青混合料的毛体积(相对)密度试验操作步骤;
(2)击实法、静压法等常用马歇尔试件的制作方法;
(3)沥青混凝土路面渗水试验操作步骤。

(三)掌握

(1)真空法测定沥青混合料理论最大相对密度试验方法及操作步骤;
(2)马歇尔稳定度试验操作步骤及试件在恒温水槽中恒温时间;
(3)沥青混合料中沥青含量(离心分离法)的操作步骤,注意燃烧法测定抽提液中矿粉质量试验步骤；

(4)矿料级配试验步骤，并注意采用干筛法与湿筛法对比试验后，对0.075 ㎜筛孔的质量通过率进行适当的换算或修正。

第二十四节　混凝土路面砖、路缘石

一、主要项目参数

尺寸偏差、抗压强度、抗折强度、吸水率、耐磨度、抗冻试验。

二、主要技术标准

(1)《混凝土路面砖》(JC/T 446—2000)；

(2)《混凝土及其制品耐磨性试验方法(滚珠轴承法)》(GB/T 16925—1997)；

(3)《无机地面材料耐磨性试验方法》(GB/T 12988—91)；

(4)《混凝土路缘石》(JC 899—2002)。

三、理论知识

(一)了解

(1)原材料一般规定；

(2)路面砖和路缘石的面层厚度基本规定、规格尺寸。

(二)熟悉

(1)路面砖和路缘石质量等级、强度等级的分类；

(2)路面砖和路缘石检验规则、抽样程序、判定规则；

(3)路面砖和路缘石外观质量、尺寸偏差、力学性能指标要求；

(4)路面砖和路缘石抗冻试验的计算方法、结果评定。

(三)掌握

(1)路面砖和路缘石的抗压强度试验计算方法、结果评定；

(2)路面砖和路缘石的抗折强度试验计算方法、结果评定；

(3)路面砖的耐磨性试验计算方法、结果评定。

四、操作技能

(一)了解

(1)外观质量检查量具的精度要求；

(2)尺寸偏差用量具的精度要求、操作步骤；

(3)抗压强度、抗折强度试验所用的垫板尺寸要求。

(二)熟悉

(1)路面砖和路缘石吸水率试验的操作步骤；

(2)路面砖和路缘石抗冻(抗盐冻)操作步骤。

（三）掌握

（1）路面砖和路缘石抗压强度试验的试件数量、操作步骤；

（2）路面砖和路缘石抗折强度试验的试件数量、操作步骤；

（3）路面砖耐磨性试验的试件数量、操作步骤。

第二十五节　无机结合料检测

一、主要项目参数

含水量、击实试验、配合比、抗压强度、抗压回弹模量、水泥或石灰剂量测定、石灰氧化镁含量、石灰有效氧化钙含量。

二、主要技术标准

（1）《公路工程无机结合料稳定材料试验规程》（JTJ 057—94）；

（2）《粉煤灰石灰类道路基层施工及验收规程》（CJJ 4—97）；

（3）《公路路面基层施工技术规范》（JTJ 034—2000）；

（4）《市政道路工程质量检验评定标准》（CJJ 1—90）；

（5）《公路工程质量检验评定标准》（JTG F80/1—2004）。

三、理论知识

（一）了解

（1）典型的基层结构；

（2）无机结合料强度形成原理、影响因素。

（二）熟悉

（1）无机结合料稳定材料的种类、材料的力学特性；

（2）无机结合料稳定土的间接抗拉强度试验；

（3）室内抗压回弹模量试验。

（三）掌握

（1）含水量的计算；

（2）击实曲线绘制；

（3）无侧限抗压强度的计算；

（4）水泥或石灰剂量的标准曲线绘制；

（5）检测结果的判定方法和判定依据。

四、操作技能

（一）了解

（1）击实设备、EDTA 滴定设备、路面材料强度试验仪或其他合适压力机；

（2）杠杆式压力仪的构造及性能。

(二)熟悉

(1)室内抗压回弹模量的测试方法;

(2)间接抗拉强度的测试方法;

(3)水泥或石灰剂量试剂的配制;

(三)掌握

(1)含水量的测定;

(2)击实试验方法;

(3)无侧限抗压强度的试验方法;

(4)水泥或石灰剂量的测定方法;

(5)配合比设计。

第二十六节　道路现场检测

一、主要项目参数

压实度、密度(灌砂法、环刀法、钻芯法)、弯沉、回弹模量(承载板法、贝克曼梁法等)、平整度、厚度、构造深度、摩擦系数、沥青路面渗水系数、混凝土劈裂强度。

二、主要技术标准

(1)《市政道路工程质量检验评定标准》(CJJ 1—90);

(2)《粉煤灰石灰类道路基层施工及验收规程》(CJJ 4—97);

(3)《公路路基路面现场测试规程》(JTJ 059—95);

(4)《公路工程质量检验评定标准》(JTGF 80/1—2004);

(5)《公路工程无机结合料稳定材料试验规程》(JTJ 057—94);

(6)《公路工程水泥混凝土试验规程》(JTJ 053—94);

(7)《公路路面基层施工技术规范》(JTJ 034—2000);

(8)《公路土工试验规程》(JTJ 051—93)。

三、理论知识

(一)了解

(1)弯沉值、设计弯沉值、竣工验收弯沉值的定义;

(2)现场密度检测方法及适用范围;

(3)回弹法检测混凝土路面强度适用范围;

(4)各类现场检测的目的和适用范围。

(二)熟悉

(1)弯沉值结果计算及温度修正;

(2)基层压实度的要求;

(3)路基路面取芯样的直径与最大集料粒径的关系;

(4)沥青路面渗水性与路面耐久性的关系。

(三)掌握

(1)压实度、弯沉值和回弹模量、平整度、劈裂强度、构造深度的计算方法；

(2)现场密度检测计算方法；

(3)弯沉值结果评定。

四、操作技能

(一)了解

(1)灌砂设备、取芯机、贝克曼梁、路面渗水仪、连续式平整度仪的构造及性能要求；

(2)电动铺砂仪的标定。

(二)熟悉

(1)路基路面取样方法和步骤；

(2)路基路面取样后,试坑或钻孔的填补材料及方法；

(3)混凝土芯样劈裂强度试验的试件制作方法；

(4)构造深度试验测点的要求。

(三)掌握

(1)弯沉值、密度(灌砂法、环刀法、钻芯法)、回弹模量、摩擦系数的测试方法；

(2)平整度、厚度、构造深度测试方法；

(3)沥青的渗水系数试验方法；

(4)混凝土芯样劈裂强度试验方法。

第二十七节　混凝土构件

一、主要项目参数

挠度、承载力、抗裂或裂缝宽度、张拉力。

二、主要技术标准

(1)《混凝土结构试验方法标准》(GB 50152—92)；

(2)《混凝土结构工程施工质量验收规范》(GB 50204—2002)中9.3附录C。

三、理论知识

(一)了解

(1)构件分类；

(2)构件的制作、材料基本力学性能。

(二)熟悉

(1)预制构件尺寸、性能要求；

(2)构件抽样、复检的规定；

(3)构件检验方法原理。

(三)掌握

(1)挠度、抗裂检验系数计算方法;

(2)承载力计算方法。

四、操作技能

(一)了解

(1)百分表、位移传感器、荷载传感器、刻度放大镜的性能和适用范围;

(2)构件结构性能检验条件;

(3)构件试验支承方式的要求。

(二)熟悉

(1)检验的程序和要求;

(2)仪器设备的操作方法、数据采集和数据转换;

(3)构件达到承载能力极限状态的检验标志。

(三)掌握

(1)构件施加荷载的试验步骤;

(2)裂缝宽度、挠度的测试;

(3)构件承载力检验的步骤;

(4)试验过程中的注意事项。

第二十八节　环境和放射性检测

一、主要项目参数

甲醛、苯、氡、氨、TVOC、游离甲醛、TDI(甲苯二异氰酸酯)、内照射指数、外照射指数、挥发物限量 、挥发性有机化合物。

二、主要技术标准

(1)《民用建筑工程室内环境污染控制规范》(GB 50325—2001);

(2)《公共场所空气中甲醛测定方法》(GB/T 18204.26—2000);

(3)《公共场所空气中氨测定方法》(GB/T 18204.25—2000);

(4)《环境空气中氡的标准测量方法》(GB/T 14582—93);

(5)《建筑材料放射性核素限量》(GB 6566—2001);

(6)《居住区大气中苯、甲苯和二甲苯卫生检验标准方法》(GB/T 11737—89);

(7)《室内装饰装修材料人造板及其制品中甲醛释放限量》(GB 18580—2001);

(8)《室内装饰装修材料溶剂型木器涂料中有害物质限量》(GB 18581—2001);

(9)《室内装饰装修材料内墙涂料中有害物质限量》(GB 18582—2001);

(10)《室内装饰装修材料胶粘剂中有害物质限量》(GB 18583—2001);

(11)《室内装饰装修材料木家具中有害物质限量》(GB 18584—2001);
(12)《室内装饰装修材料壁纸中有害物质限量》(GB 18585—2001);
(13)《室内装饰装修材料聚氯乙烯卷材地板中有害物质限量》(GB 18586—2001)。

三、理论知识

(一)了解

(1)放射性基础知识、土壤氡的危害;
(2)测量不确定度的要求;
(3)甲醛、氨、苯、氡、TVOC 的来源及危害。

(二)熟悉

(1)气相色谱仪、环境 γ 谱仪、水分测定仪的工作原理;
(2)原子吸收分光光度计、分光光度计的工作原理;
(3)内外照射指数的基本概念;
(4)民用建筑物、主体材料、装修材料的分类。

(三)掌握

(1)内照射指数、外照射指数的计算方法;
(2)采样体积与标准体积的换算方法;
(3)吸光度、峰面积、峰高换算成污染物浓度的计算公式;
(4)污染物浓度限量要求;
(5)工程防氡措施。

四、操作技能

(一)了解

(1)样品的制备要求;
(2)采样环境、环境 γ 谱仪检测环境要求;
(3)采样仪、γ 谱仪、测氡仪、分光光度计、原子吸收分光光度计的适用范围;
(4)检测仪器的校准。

(二)熟悉

(1)采样和检测的程序;
(2)放射性能量刻度和峰的识别方法;
(3)气相色谱仪、分光光度计、环境 γ 谱仪、热解析仪、原子吸收分光光度计、水分测定仪的使用方法。

(三)掌握

(1)环境 γ 谱仪的操作步骤;
(2)核素分析的操作步骤;
(3)氡、甲醛、苯、氨、TVOC 的测定方法;
(4)标准曲线制作和标准库的建立;
(5)废液、废渣、废气的处理方法。

第二十九节　门窗物理性能检测

一、主要项目参数

气密性能、水密性能、抗风压性能、保温性能。

二、主要技术标准

(1)《未增塑聚氯乙烯(PVC—U)塑料窗》(JG/T 140—2005);
(2)《铝合金窗》(GB/T 8479—2003);
(3)《建筑外窗抗风压性能分级及检测方法》(GB/T 7106—2002);
(4)《建筑外窗气密性能分级及检测方法》(GB/T 7107—2002);
(5)《建筑外窗水密性能分级及检测方法》(GB/T 7108—2002);
(6)《建筑外窗保温性能分级及检测方法》(GB/T 8484—2002)。

三、理论知识

(一)了解

(1)建筑外窗基本概念、产品术语、标记方法;
(2)建筑外窗产品分类、开启形式;
(3)外窗气密性能、水密性能、抗风压性能的检测原理。

(二)熟悉

(1)气密性能、水密性能、抗风压性能的技术分级指标;
(2)外窗抽样、复检规则。

(三)掌握

(1)气密性能检测方法中开启缝隙长度、窗面积的测定方法及附加渗透量、总渗透量的测定方法;

(2)水密性能检测方法中淋水量的计算,稳定加压法和波动加压法的适用条件,严重渗漏的定义;

(3)抗风压性能检测方法中杆件中点面法线挠度的计算方法,工程检测和定级检测的选用条件。

四、操作技能

(一)了解

(1)未增塑聚氯乙烯塑料窗试件存放、试验环境的规定,对门窗检测样品的要求;
(2)气密性能、水密性能、抗风压性能检测仪器的工作原理。

(二)熟悉

(1)气密性能、水密性能、抗风压性能检测的先后顺序;
(2)气密性能、水密性能、抗风压性能检测仪器的操作方法;

(3)不同开启形式窗试件的安装方法,附加渗透量的测定,抗风压性能检测位移计的安装位置和要求;

(4)塑料窗特殊窗型抗风压性能检测的特殊规定。

(三)掌握

(1)气密性能检测中打压顺序、压力、加压速度、稳压时间、泄压时间的要求;

(2)水密性能检测中打压顺序、压力、加压速度、雨水渗漏的持续时间、严重渗漏的判断;

(3)抗风压性能检测中打压顺序、压力、加压速度、稳压时间、泄压时间的要求,反复加压、试件损坏和功能障碍的判断;

(4)气密性能检测值的计算和分级指标值的确定;

(5)水密性能检测值的处理和综合检测值、套级的确定;

(6)抗风压性能检测方法中变形检测、反复加压检测、定级检测、工程检测及综合评定。

第三十节　幕　墙

一、主要项目参数

风压变形性能、雨水渗漏性能、空气渗透性能、保温性能、平面内变形性能、石材弯曲强度、石材冻融性能、吸水率、铝塑复合板剥离强度、硅酮胶邵氏硬度、相容性、拉伸粘结性能、耐污染性能。

二、主要技术标准

(1)《干挂饰面石材及其金属挂件第1部分:干挂饰面石材》(JC 830.1—2005);

(2)《建筑用硅酮结构密封胶》(GB 16776—2005);

(3)《天然饰面石材试验方法》(GB/T 9966—2001);

(4)《建筑密封材料试验方法》(GB/T 13477—2002);

(5)《硅酮建筑密封胶》(GB/T 14683—2003);

(6)《铝塑复合板》(GB/T 17748—1999);

(7)《建筑幕墙》(JG 3035—1996);

(8)《建筑幕墙空气渗透性能检测方法》(GB/T 15226—1994);

(9)《建筑幕墙风压变形性能检测方法》(GB/T 15227—1994);

(10)《建筑幕墙雨水渗漏性能检测方法》(GB/T 15228—1994);

(11)《建筑外窗保温性能分级及其检测方法》(GB 8484—2002)。

三、理论知识

(一)了解

(1)结构胶与耐候胶的区分,幕墙用附件材料的分类;

(2)建筑幕墙的分类和标记方法,风压变形、雨水渗漏、空气渗透、保温性能的分级指标;

(3)幕墙保温性能、铝塑复合板剥离强度试验原理;

(4)硅酮胶邵氏硬度、拉伸粘结性试验原理。

(二)熟悉

(1)天然饰面石材的弯曲强度、吸水率的试验原理;

(2)结构胶、耐候胶相容性的试验原理;

(3)建筑幕墙的检验类别和判定规则,风压变形、雨水渗漏、空气渗透性能的检测原理。

(三)掌握

(1)风压变形性能检测中受力杆件中间点的面法线挠度的定义和计算方法;

(2)雨水渗漏性能检测中淋水量的计算、严重渗漏的定义;

(3)空气渗透性能检测中开启部分空气渗透量、固定部分空气渗透量的定义;

(4)结构胶相容性判定指标。

四、操作技能

(一)了解

(1)幕墙物理性能检测装置的工作原理、检测试件要求;

(2)结构胶相容性试验箱的工作原理;

(3)结构胶相容性试验材料的要求、标准试验条件、样品养护;

(4)天然饰面石材的弯曲强度试件加工方法和要求、试验加荷速率;

(5)铝塑复合板剥离强度试件的制作方法和要求、试验拉伸速率。

(二)熟悉

(1)幕墙物理性能检测装置的操作方法;

(2)幕墙物理性能检测试件的安装要求、风压变形性能检测前位移测量仪器的安装位置和要求;

(3)结构胶相容性试验箱中紫外灯的更换周期、次序。

(三)掌握

(1)幕墙风压变形性能检测中加压顺序、压力、稳压时间、升降压时间、安全检测压力的确定;

(2)幕墙雨水渗漏性能检测中加压顺序、压力、稳压时间、严重渗漏的判断;

(3)幕墙空气渗透性能检测加压顺序、压力大小、稳压时间;

(4)幕墙风压变形性能、雨水渗漏性能、空气渗透性能检测结果处理和分级指标值的确定;

(5)结构胶相容性试件的制备方法、养护条件和过程、剥离试验粘结破坏面积的测定。

第三十一节　建筑节能

一、主要项目参数

导热系数、燃烧性能、耐候性能、抗风压性能、抗冲击性能、不透水性、耐冻融性能、耐腐蚀性能、水蒸气渗透阻（系数）、吸水率、（现场、拉伸、压剪）粘结强度、抗拉强度、抗压强度、拉拔力、耐碱拉断强力、压缩性能、线性收缩率、软化系数、可操作时间、传热阻、柔韧性、厚度、单位面积质量、密度、中空玻璃露点。

二、主要技术标准

（1）《建筑节能工程施工质量验收规范》（GB 50411—2007）；

（2）《外墙外保温技术规程》（JGJ 144—2004）；

（3）《胶粉聚苯颗粒外墙外保温系统》（JG 158—2004）；

（4）《膨胀聚苯板薄抹灰外墙外保温系统》（JG 149—2003）；

（5）《建筑外窗保温性能分级及检测方法》（GB 8484—2002）。

三、理论知识

（一）了解

（1）常用外墙保温材料的性能差异；

（2）外墙外保温系统的构成；

（3）外墙外保温系统的几种常用方式；

（4）防护热箱法与标定热箱法检测传热系数的区别。

（二）熟悉

（1）外墙外保温及相关组成材料主要技术要求；

（2）外墙外保温的优点；

（3）建筑外窗保温性能分级方法。

（三）掌握

（1）常规保温材料导热系数、抗压强度、密度、拉伸粘结强度、增强网断裂强力、耐腐蚀性能标准要求和检测方法；

（2）建筑外窗保温性能检测方法。

四、操作技能

（一）了解

（1）导热系数测定仪、门窗传热系数测定仪、拉伸粘结强度测定仪等仪器设备的校验；

（2）中空玻璃露点的测定过程。

（二）熟悉

（1）外墙外保温制样及养护的标准试验环境的温、湿度要求；

（2）外保温材料抗压强度、密度、拉伸粘结强度、增强网力学性能、增强网耐腐蚀性能试验的方法。

（三）掌握

（1）外保温材料导热系数、门窗传热系数试验步骤；

（2）外保温材料试样的制备。

第三十二节　电气检测

一、主要项目参数

电阻、电压、电流、防雷接地系统测试、阻燃试验、绝缘厚度、介质损耗、绝缘材料老化前（后）拉力。

二、主要技术标准

（1）《建筑电气工程施工质量验收规范》（GB 50303—2002）；

（2）《电气装置安装工程电气设备交接试验标准》（GB 50150—2006）；

（3）《电力设备预防性试验规程》（DL/T 596—1996）。

三、理论知识

（一）了解

（1）电线电缆、避雷设施、接地装置、开关、变压器的一般规定；

（2）建筑电气设备检测的基本常识和检测原理。

（二）熟悉

（1）断路器（开关）、插座检测参数的检测方法和有关技术指标要求；

（2）变压器检测参数的检测方法和有关技术指标要求。

（三）掌握

（1）电线电缆及套管检测参数的检测方法和有关技术指标要求；

（2）避雷设施检测参数的检测方法和有关技术指标要求；

（3）接地装置检测参数的检测方法和有关技术指标要求；

（4）普通灯具（配电柜盘）检测参数的检测方法和有关技术指标要求。

四、操作技能

（一）了解

（1）接地电阻测试仪、绝缘电阻测试仪的性能和使用方法；

（2）常用电流、电压检测仪表、直流电阻测试仪的性能和使用方法；

（3）介质损耗测试仪（或交流电桥）的性能和使用方法；

(4)交直流耐压试验的变压和调压设备的选择；

(5)检测的环境条件要求。

(二)熟悉

(1)交直流耐压试验、泄漏电流测试的试验程序及试验要求；

(2)直流电阻、介质损耗测试的试验程序及试验要求；

(3)各仪器设备的操作方法。

(三)掌握

(1)绝缘电阻检测的试验方法、程序及试验要求；

(2)接地电阻检测的试验方法、程序及试验要求；

(3)电线电缆及套管、避雷设施、普通灯具(配电柜盘)、接地装置检测结果的判定方法和依据。

第三十三节　高强度螺栓检测

一、主要项目参数

最小拉力荷载、扭矩系数、抗滑移系数、连接副紧固轴力、连接副施工扭矩。

二、主要技术标准

(1)《钢结构用高强度大六角头螺栓》(GB/T 1228—2006)；

(2)《钢结构用高强度大六角螺母》(GB/T 1229—2006)；

(3)《钢结构用高强度垫圈》(GB/T 1230—2006)；

(4)《钢结构用高强度大六角头螺栓、大六角螺母、垫圈技术条件》(GB/T 1231—2006)；

(5)《钢结构用扭剪型高强度螺栓连接副》(GB/T 3632—95)；

(6)《钢结构用扭剪型高强度螺栓连接副技术条件》(GB/T 3633—95)；

(7)《钢网架螺栓节点用高强度螺栓》(GB/T 16939—97)；

(8)《钢结构高强度螺栓连接的设计、施工及验收规程》(JGJ 82—91)；

(9)《门式刚架轻型房屋钢结构技术规程》(CECS 102:2002)。

三、理论知识

(一)了解

(1)螺栓的分类、规格、系列、品种、等级；

(2)螺栓的用途和性能要求；

(3)螺栓连接副的一般规定。

(二)熟悉

(1)抽样规定、抽样数量等；

(2)螺栓检测的几项技术指标要求。

(三)掌握

(1)螺栓几项性能指标的基本概念、计算方法;

(2)检测结果的判定、判定标准;

(3)检验不合格后的复检、取样规定。

四、操作技能

(一)了解

(1)检测螺栓的试验设备和量测器具性能指标;

(2)试验用的轴力计、扭矩传感器、轴力传感器、扭矩扳手等计量器具的校准方法。

(二)熟悉

(1)螺栓检测试样的要求;

(2)螺栓各项性能指标的检测程序、试验要求、数据采集方法。

(三)掌握

(1)大六角头螺栓连接副扭矩系数的检测方法、判定标准;

(2)大六角头螺栓施工扭矩的检测方法、判定标准;

(3)螺栓连接摩擦面的抗滑移系数检测方法、判定标准。

第三十四节　预应力锚具

一、主要项目参数

硬度、锚具效率系数、总应变、钢绞线和夹片内缩量。

二、主要技术标准

(1)《预应力筋用锚具、夹具和连接器应用技术规程》(JGJ 85—2002、J 219—2002);

(2)《预应力筋用锚具、夹具和连接器》(GB/T 14370—2000)。

三、理论知识

(一)了解

(1)预应力锚夹具的分类、品种和规格;

(2)锚夹具几种常用硬度指标的区别。

(二)熟悉

(1)技术标准中对锚夹具硬度抽样规定和静载试验抽样规定;

(2)两种标准中对不同锚具试验检测方法的要求;

(3)锚夹具硬度检测方法;

(4)锚夹具和连接器静载锚固性能试验检测要求。

三、掌握

(1)锚夹具几种常用硬度指标的换算方法和判定依据;

(2)锚具效率系数和极限总应变的计算方法及判定依据；

(3)夹具和锚具效率系数的判定方法有什么区别。

四、操作技能

(一)了解

(1)锚夹片外观要求和试验数量；

(2)锚具静载试验前的技术准备要求；

(3)锚夹具静载试验所用的加载千斤顶及力传感器的计量标定方法。

(二)熟悉

(1)洛氏硬度计的操作方法；

(2)夹片试样的表面处理方法；

(3)锚具、夹具、连接器、钢绞线与加载设备的组装要求。

(三)掌握

(1)锚夹片各种硬度指标的检测方法；

(2)锚具、夹具、连接器进行加载试验的尺寸要求和组装方法；

(3)P 型锚的挤压方法和性能检测方法；

(4)锚夹具、连接器静载试验的加载程序、加载方法、钢绞线伸长值的测量方法、钢绞线和夹片回缩量的测量方法；

(5)扁锚的静载试验方法。

第三十五节　焊缝超声波探伤

一、主要项目参数

内部缺陷、表面缺陷、缺陷等级。

二、主要技术标准

(1)《钢结构工程施工质量验收规范》(GB 50205—2001)；

(2)《钢焊缝手工超声波探伤方法和探伤结果分级法》(GB 11345—89)；

(3)《钢结构超声波探伤及质量分级法》(JG/T 203—2007)；

(4)《建筑钢结构焊接技术规程》(JGJ 81—200、J 218—2002)；

(5)《钢熔化焊 T 形接头角焊缝超声波检验方法和质量分级》(DL/T 542—94)。

三、理论知识

(一)了解

(1)标准、规范中有关焊缝超声波探伤的规定；

(2)超声波探伤的基本原理。

（二）熟悉

（1）常见焊接缺陷及形成原因；

（2）平板对接焊缝的检验步骤；

（3）曲面工件对接焊缝的检验步骤；

（4）其他结构焊缝（T形接头、角接头等）的检验步骤。

（三）掌握

（1）焊缝质量等级的分级指标和探伤比例的规定；

（2）检验等级和评定等级的规定；

（3）根据缺陷的当量和指示长度进行等级评定；

（4）焊缝探伤工艺卡的编制。

四、操作技能

（一）了解

（1）金属超声波仪的测量范围、探伤等性能指标；

（2）超声波探伤检测对工件结构形式、耦合剂性能等的要求，并能正确选择。

（二）熟悉

（1）探伤仪和探头的性能指标：前沿距离、折射角或 K 值、偏离角、灵敏度及灵敏度余量、盲区、分辨力、信噪比、动态范围、垂直线性和水平线性等概念及测试方法；

（2）平行扫查、斜平行扫查、横方形串列扫查和纵方形串列扫查进行钢结构焊缝内部质量无损检测步骤。

（三）掌握

（1）时基线扫描的调节；

（2）距离—波幅（DAC）曲线的绘制；

（3）仪器灵敏度的调整和校验；

（4）缺陷的深度、水平距离、缺陷当量和指示长度的确定；

（5）探头的选择原则（探头型式、频率、尺寸、K 值等）。

第三十六节　砌体工程现场检测

一、主要项目参数

抗压强度、抗剪强度。

二、主要技术标准

（1）《砌体工程现场检测技术标准》（GB/T 50315—2000）；

（2）《砌体工程施工质量验收规范》（GB 50203—2002）；

（3）《建筑结构检测技术标准》（GB/T 50344—2004）。

三、理论知识

（一）了解

现场检测方法的种类、特点、用途和限制条件。

（二）熟悉

（1）影响砖砌体抗压强度的因素；

（2）检测参数技术指标；

（3）回弹法、原位轴压法、筒压法和原位单砖双剪法的基本原理。

（三）掌握

（1）检测单元、测区和测点的概念；

（2）常用检测方法适用条件；

（3）不同检测方法强度推定的计算；

（4）强度等级的判定方法和判定依据。

四、操作技能

（一）了解

检测仪器设备的性能、适用范围。

（二）熟悉

（1）检测程序及工作内容；

（2）回弹法、原位轴压法、筒压法和原位单砖双剪法等主要仪器设备的操作方法。

（三）掌握

（1）原位轴压法检测砌体抗压强度的步骤；

（2）筒压法检测砌筑砂浆强度的步骤；

（3）回弹法检测砌筑砂浆强度的步骤。

第三十七节　混凝土中钢筋检测

一、主要项目参数

保护层厚度、钢筋间距、钢筋直径、钢筋锈蚀。

二、主要技术标准

（1）《混凝土中钢筋检测技术规程》（JGJ/T 152—2007）；

（2）《混凝土结构工程施工质量验收规范》（GB 50204—2002）；

（3）《建筑结构检测技术标准》（GB/T 50344—2004）。

三、理论知识

(一)了解

(1)电磁感应法、雷达法和半电池电位法基本概念;

(2)混凝土保护层厚度的技术定义。

(二)熟悉

(1)电磁感应法、雷达法和半电池电位法测试的基本原理;

(2)3 种测试方法不适用的范围;

(3)混凝土结构钢筋的配置。

(三)掌握

(1)混凝土保护层厚度、钢筋间距的计算方法和精度要求;

(2)半电池电位法检测结果评判;

(3)检测环境温度对测点电位的影响和修正;

(4)如何对 3 种检测方法的检测结果进行验证。

四、操作技能

(一)了解

(1)钢筋探测仪基本构成;

(2)半电池电位仪构成。

(二)熟悉

(1)钢筋探测仪和半电池电位仪校准、维护、保养;

(2)混凝土雷达仪测试方法和要求。

(三)掌握

(1)钢筋探测仪测试钢筋位置、钢筋直径、保护层厚度的步骤;

(2)半电池电位法测试步骤。

第三十八节　基桩静载荷试验

一、主要项目参数

(一)单桩竖向抗压静载荷试验

竖向荷载 Q、桩顶竖向位移 s、单桩竖向抗压极限承载力统计值、单桩竖向抗压极限承载力 Q_u、单桩竖向抗压承载力特征值 R_a、桩侧阻力、桩端阻力。

(二)单桩竖向抗拔静载荷试验

上拔荷载 U、桩顶上拔量 δ、单桩竖向抗拔极限承载力统计值、单桩竖向抗拔极限承载力、单桩竖向抗压承载力特征值、桩侧抗拔摩阻力。

(三)单桩水平静载试验

水平荷载 H、水平作用点水平位移 Y_0、地基土水平抗力系数的比例系数 m、桩的水平

变形系数 α、单桩水平临界荷载、单桩水平临界荷载统计值、单桩水平极限承载力、单桩水平承载力特征值。

(四)平均值、极差

平均值、极差。

二、主要技术标准

(1)《建筑基桩检测技术规范》(JGJ 106—2003);

(2)《建筑地基基础设计规范》(GB 50007—2002);

(3)《建筑桩基技术规范》(JGJ 94—94)。

三、理论知识

(一)了解

(1)相应静载荷试验的单桩承载机理;

(2)相应静载荷试验的基桩破坏模式。

(二)熟悉

相应静载荷试验法的基本原理。

(三)掌握

相应静载荷试验法的试验方法。

四、操作技能

(一)了解

(1)载荷、位移仪器的性能和安装要求;

(2)相应静载荷试验的曲线绘制,以及其他辅助分析所需的曲线。

(二)熟悉

(1)常用提供反力的形式;

(2)熟悉相应试验方法的常用加载方法;

(3)试桩开始试验要求休止的时间;

(4)试验加荷的分级;

(5)试桩、锚桩和基准桩之间的中心距;

(6)各种方法的沉降(或变形)相对稳定标准和终止加载条件;

(7)检测报告应包括的内容。

(三)掌握

(1)根据要求编制科学的检测方案;

(2)相应方法的单桩极限承载力和单桩极限承载力统计值的确定;

(3)相应方法的单桩极限承载力的综合分析确定方法;

(4)相应方法的单桩承载力特征值的确定。

第三十九节　基桩高、低应变法检测

一、主要项目参数

（一）高应变

桩身材料弹性模量 E、贯入度、凯司法阻尼系数 J_c、桩身截面力学阻抗 Z、由凯司法判定的单桩竖向抗压承载力 R_c、桩身完整性系数 β、单桩竖向抗压极限承载力、桩侧阻力、桩端阻力。

（二）低应变

桩身一维纵向应力波传播速度 c、桩身波速平均值 c_m、桩身缺陷位置 x、桩身完整性、幅频曲线上桩底相邻谐振峰间的频差 Δf。

二、主要技术标准

《建筑基桩检测技术规范》(JGJ 106—2003)。

三、理论知识

（一）了解

(1)一维波动理论;

(2)常用基桩检测仪及测试传感器的测量原理。

（二）熟悉

高、低应变试验法的基本原理。

（三）掌握

高、低应变试验方法。

四、操作技能

（一）了解

(1)高应变打桩监控;

(2)凯司法承载力的计算方法。

（二）熟悉

(1) 现场检测要求;

(2) 对波形直观判断;

(3) 试桩开始试验要求休止的时间;

(4) 相应检测方法的现场测试和分析;

(5) 相应检测方法对测试设备的要求;

(6) 检测报告应包括的内容。

（三）掌握

(1) 根据要求编制科学的检测方案;

(2) 在检测过程中出现异常现象时的处理方法；
(3) 现场数据采集质量的判断；
(4) 对于高应变要求掌握 Case 法和实测曲线拟合法确定单桩极限承载力；
(5) 检测数据的分析和桩身完整性的判定；
(6) 检测结果判断方法。

第四十节　混凝土桩钻芯法检测

一、主要项目参数

桩长、混凝土强度、沉渣厚度、完整性、桩端持力层岩土性状、桩端持力层岩石饱和单轴抗压强度。

二、主要技术标准

(1)《建筑基桩检测技术规范》(JGJ 106—2003)；
(2)《普通混凝土力学性能试验方法》(GB/T 50081—2002)；
(3)《建筑地基基础设计规范》(GB 50007—2002)。

三、理论知识

(一)了解

(1)常用钻机的工作原理；
(2)常用钻具的工作原理及用途。

(二)熟悉

混凝土桩钻芯法检测的基本原理。

(三)掌握

混凝土桩钻芯法检测方法。

三、操作技能

(一)了解

常用钻机、钻具的性能和一般维护。

(二)熟悉

(1)现场检测要求；
(2)钻机、钻具的安装调试；
(3)受检桩开始钻芯检测时桩身混凝土应达到的龄期；
(4)检测报告应包括的内容。

(三)掌握

(1)根据要求编制科学的检测方案；
(2)钻芯法检测过程中各种记录图、表的内容及格式；

(3)确定钻芯法检测的开孔位置；

(4)钻芯法检测芯样工程部位取样原则；

(5)桩身完整性判定及判定依据，判定桩身混凝土强度是否满足设计要求，确定桩底沉渣厚度及桩端持力层岩石饱和单轴抗压强度。

第四十一节 天然、复合地基载荷试验

一、主要项目参数

试验荷载 P（或 Q）、地基沉降 S、承载力特征值 f_{spk}、复合地基置换率 m、单（多）桩处理的地基面积、承压板（载荷板）、单桩复合地基承载力特征值、平均值。

二、主要技术标准

《建筑地基处理技术规范》（JGJ 79—2002）。

三、理论知识

（一）了解

(1)复合地基的承载机理；

(2)复合地基载荷试验的地基破坏模式。

（二）熟悉

复合地基载荷试验的基本原理。

（三）掌握

(1)复合地基载荷试验的试验方法；

(2)复合地基载荷试验数据处理、分析。

三、操作技能

（一）了解

(1)加荷设备，荷载、位移观测仪器、仪表的性能和安装要求；

(2)复合地基载荷试验曲线，以及其他辅助分析所需曲线的绘制。

（二）熟悉

(1)常用的反力形式；

(2)熟悉复合地基载荷试验的加载方法；

(3)开始试验要求休止的时间；

(4)试验加荷的分级；

(5)试桩、墩基和基准桩之间的中心距；

(6)复合地基载荷试验沉降相对稳定标准和终止加载条件；

(7)检测报告应包括的内容。

(三)掌握

(1)根据要求编制科学的检测方案;

(2)单桩复合地基承载力特征值的确定;

(3)复合地基承载力特征值的确定。

第四十二节 植筋和锚栓检测

一、主要项目参数

锚固承载力、抗拔力。

二、主要技术标准

(1)《混凝土结构加固设计规范》(GB 50367—2006);

(2)《混凝土结构后锚固技术规程》(JGJ 145—2004)。

三、理论知识

(一)了解

(1)植筋、锚栓的一般规定;

(2)植筋、锚栓的构造要求。

(二)熟悉

(1)检测抽样规则和抽样数量;

(2)检测设备的构造及工作原理;

(3)一般构件和重要构件的划分。

(三)掌握

(1)检测设备的使用和测试数据的导出;

(2)检测结论的判定。

四、操作技能

(一)了解

(1)检测设备的工作原理、维修保养;

(2)锚固剂(结构胶)、锚栓的使用条件。

(二)熟悉

(1)现场检测拉拔方法;

(2)用于现场检测设备的要求。

(三)掌握

(1)抽样规则;

(2)检验结果的判定。

第四十三节　贯入法检测砂浆强度

一、主要项目参数

贯入深度、砂浆抗压强度。

二、主要技术标准

(1)《贯入法检测砌筑砂浆抗压强度技术规程》(JGJ/T 136—2001);

(2)《建筑结构检测技术标准》(GB/T 50344—2004);

(3)《砌体工程施工质量验收规范》(GB 50203—2002);

(4)《贯入法检测砌筑砂浆抗压强度技术规程》(DB 34/T 233—2002)。

三、理论知识

(一)了解

(1)砌筑砂浆的种类、材料组成;

(2)技术术语的定义。

(二)熟悉

(1)贯入法测试砂浆强度的基本原理;

(2)砂浆测强曲线的建立和适用范围。

(三)掌握

(1)贯入深度平均值、抗压强度换算值、强度推定值的计算;

(2)贯入法检测砂浆强度结果评判。

四、操作技能

(一)了解

(1)贯入仪的组成;

(2)贯入深度测量表和测钉的技术要求。

(二)熟悉

(1)贯入仪贯入力、工作行程的校准;

(2)贯入深度测量表的校准。

(三)掌握

(1)贯入法检测砂浆强度的程序;

(2)测区的布置、测点表面的处理;

(3)贯入深度的测量。

第四十四节　回弹法检测混凝土强度

一、主要项目参数

回弹值、碳化深度、混凝土抗压强度。

二、主要技术标准

(1)《回弹法检测混凝土抗压强度技术规程》(JGJ/T 23—2001);
(2)《混凝土回弹仪》(JJG 817—93);
(3)《建筑结构检测技术标准》(GB/T 50344—2004)。

三、理论知识

(一)了解

(1)建筑结构检测范围、分类;
(2)结构混凝土强度、碳化深度的定义;
(3)测强曲线的建立、使用原则。

(二)熟悉

(1)回弹法统一测强曲线适用条件;
(2)回弹仪的构造及工作原理;
(3)结构构件抽样方法;
(4)构件混凝土强度、总体强度推定原则。

(三)掌握

(1)回弹法检测混凝土强度的影响因素;
(2)混凝土碳化机理;
(3)碳化深度、回弹值、测区混凝土强度换算值、结构或构件的混凝土强度推定值的计算方法;
(4)回弹值和混凝土强度的修正;
(5)结构或构件的混凝土强度检测结果评判。

四、操作技能

(一)了解

(1)回弹仪的构造;
(2)碳化深度测试仪的使用。

(二)熟悉

(1)回弹仪的检定、保养;
(2)钢砧率定方法及率定的作用;
(3)碳化溶液的配制方法。

(三)掌握

(1)构件测区布置的数量、表面处理和要求;

(2)碳化深度的量测方法;

(3)不同测试面回弹值的测试要求;

(4)回弹法检测混凝土强度的程序。

第四十五节　钻芯法检测混凝土强度

一、主要项目参数

直径、高径比、混凝土抗压强度。

二、主要技术标准

(1)《钻芯法检测混凝土强度技术规程》(CECS 03:88);

(2)《普通混凝土力学性能试验方法标准》(GB/T 50081—2002);

(3)《建筑结构检测技术标准》(GB/T 50344—2004)。

三、理论知识

(一)了解

(1)钻芯机的工作原理;

(2)钻芯机钻进速度对混凝土芯样强度的影响;

(3)钻芯法对结构混凝土产生的微破损作用。

(二)熟悉

(1)钻芯法的适用范围、特点;

(2)芯样中含有钢筋对混凝土强度的影响;

(3)芯样直径、高径比对混凝土强度的影响。

(三)掌握

(1)不同直径、高径比的芯样强度与标准立方体强度换算关系;

(2)芯样混凝土强度的计算、构件混凝土强度的推定方法。

四、操作技能

(一)了解

钻芯机的构造、常见故障及排除方法。

(二)熟悉

(1)钻芯机、压力机的操作使用;

(2)切割机、磨平机的操作使用;

(3)钻机固定安装使用时应注意的安全事项。

（三）掌握

（1）钻芯数量确定的原则和钻芯位置的选择；

（2）芯样加工、端面修整和养护的方法；

（3）芯样混凝土强度试验加荷速度的要求。

第四十六节　超声回弹综合法检测混凝土强度

一、主要项目参数

回弹值、声时、波速、混凝土抗压强度。

二、主要技术标准

（1）《超声回弹综合法检测混凝土强度技术规程》（CECS 02:2005）；

（2）《建筑结构检测技术标准》（GB/T 50344—2004）。

三、理论知识

（一）了解

（1）声学基础知识、混凝土材料基本组成和性能；

（2）综合法不适用的范围；

（3）技术术语的含义。

（二）熟悉

（1）超声波测试混凝土质量的基本原理、特点；

（2）回弹法测试混凝土硬度的基本原理、特点；

（3）检测参数技术指标；

（4）综合法测强曲线的建立和适用范围。

（三）掌握

（1）综合法测试混凝土强度的影响因素；

（2）声速值、回弹值、测区混凝土强度换算值计算方法和精度要求；

（3）混凝土强度修正方法和规定；

（4）构件混凝土强度和批构件混凝土强度的推定方法和适用条件；

（5）结构混凝土强度的评判。

四、操作技能

（一）了解

（1）回弹仪的构造；

（2）超声仪、换能器的基本性能。

(二)熟悉

(1)回弹仪的检定、率定和保养;

(2)超声仪、换能器检测系统的校准和保养;

(3)换能器与测试面的耦合。

(三)掌握

(1)综合法测区数量、测区布置和表面处理的要求;

(2)声时、测距和回弹值的测试;

(3)综合法检测混凝土强度的测试程序。

第四十七节　超声法检测混凝土缺陷

一、主要项目参数

声时、波幅、频率、声速、混凝土缺陷。

二、主要技术标准

(1)《超声法检测混凝土缺陷技术规程》(CECS 21:2000);

(2)《建筑结构检测技术标准》(GB/T 50344—2004)。

三、理论知识

(一)了解

(1)声学基础知识、混凝土材料基本组成和性能;

(2)换能器的选配、换能器与被测体表面的耦合;

(3)技术术语的含义。

(二)熟悉

(1)超声波测试混凝土缺陷的基本原理;

(2)混凝土中钢筋对超声法测试缺陷的影响;

(3)利用柱状换能器跨孔测试混凝土缺陷布点要求。

(三)掌握

(1)超声法检测混凝土缺陷的主要参数;

(2)混凝土中裂缝深度、表面损伤层厚度计算方法和判定;

(3)混凝土结合质量、不密实区(空洞)数据分析方法和判定;

(4)超声法测试钢管和灌注桩混凝土完整性的数据分析方法和判定。

四、操作技能

(一)了解

(1)超声仪、平面换能器和柱状换能器的技术性能要求;

(2)灌注桩混凝土缺陷检测时,声测导管的埋设。

（二）熟悉

（1）超声仪、换能器检测系统的校准、调零和保养；

（2）径向换能器声时初读数的测量方法。

（三）掌握

（1）测区、测点的布置、声学参数测读；

（2）混凝土裂缝、表面损伤层厚度测试方法和步骤；

（3）混凝土结合面质量、匀质性、不密实区（空洞）测试方法和步骤；

（4）钢管和灌注桩混凝土缺陷的测试方法和步骤。

第二章 习题库

第一节 水 泥

一、选择题

1. 普通硅酸盐水泥的强度等级分为______。( )

A 42.5　42.5R　52.5　52.5R

B 32.5　42.5　42.5R　52.5　52.5R

C 42.5　52.5　52.5R

2. 矿渣硅酸盐水泥的化学指标包括______。( )

A 不溶物　烧失量　三氧化硫　氧化镁　氯离子

B 三氧化硫　氧化镁　氯离子

C 氧化镁　三氧化硫　氯离子　碱含量

3. 普通硅酸盐水泥的物理品质包括______。( )

A 凝结时间　安定性　强度　细度

B 凝结时间　安定性　强度

C 标准稠度用水量　凝结时间　安定性　强度　细度

4. 按 GB/T 17671 进行水泥的强度检验时______水泥的胶砂用水量按水灰比 0.5,胶砂流动度不小于 180 mm 来确定。( )

A 火山灰质硅酸盐水泥、掺火山灰质混合材的普通硅酸盐水泥

B 火山灰质硅酸盐水泥、粉煤灰硅酸盐水泥、复合硅酸盐水泥

C 火山灰质硅酸盐水泥、粉煤灰硅酸盐水泥、复合硅酸盐水泥和掺火山灰质混合材的普通硅酸盐水泥

5. 水泥强度试验,试件的龄期允许时间为______。( )

A 3 d ±45 min　28 d ±8 h

B 3 d ±1 h　28 d ±5 h

C 3 d ±30 min　28 d ±45 min

6. 通用硅酸盐水泥中普通硅酸盐水泥和硅酸盐水泥的各强度等级的强度指标______,其余品种水泥的各强度等级的强度指标______。( )

A 一致,一致　B 一致,不一致　C 不一致,一致

7. 进行水泥的安定性试验(标准法)时,用同一样品重做后,两试件的膨胀值分别仍为 6 mm、1 mm,则水泥的安定性______。( )

A 合格　B 不合格　C 把样品拌匀后重做

8. 水泥的安定性不合格，则水泥检验的结论应为______。(　　)

A 废品　　　　B 不合格品　　　　C 不符合标准要求

9. 进行水泥强度试验时，胶砂搅拌机的搅拌时间程序为________。(　　)

A 低速 60 s　　高速 30 s　　停 90 s　　高速 60 s

B 低速 60 s　　停 90 s　　低速 30 s　　高速 60 s

C 低速 60 s　　停 90 s　　高速 60 s

10. 水泥强度试件应在(20 ±1)℃的______养护。(　　)

A 水中　　　　B 养护箱中　　　　C 空气中

二、填空题

1. 普通硅酸盐水泥的初凝时间不小于______min，终凝时间不大于______min。

2. 水泥安定性仲裁检验时应从水泥取样之日起______天内完成。

3. 水泥检验结果________、________中任一项不符合标准规定要求时则为不合格品。

4. 交货时水泥的质量验收可________________以其检验结果为依据，也可以________同编号水泥的检验报告为依据。

5. A、B 两代号的矿渣硅酸盐水泥的强度技术要求______。

6. 通用硅酸盐水泥中氯离子不大于______。

7. 通用硅酸盐水泥中低碱水泥的碱含量不大于______。

8. 进行水泥强度试验时，水泥、砂、水称量用的天平精度应为______，胶砂的水灰比为 0.5，砂灰比为______，抗压强度加荷速度为__________，抗折强度加荷速度为(50 ±10)N/s。

9. 水泥强度成型时，当胶砂流动度小于______时，须以______的整倍数递增的方法将______调整至胶砂流动度不小于______。

10. GB 2419—2005 标准规定，流动度试验，从胶砂加水开始到测量扩散直径结束，应在______内完成，跳动完毕，用卡尺测量胶砂底面互相______的两个方向的______，计算平均值，取整数，单位为 mm，该平均值即为该水量的水泥胶砂流动度。

三、计算题

表 2-1 中是水泥胶砂强度的试验数据，试计算抗压、抗折强度。

表 2-1　水泥胶砂强度的试验数据

抗压强度荷载(kN)	75.2	75.0	70.0	72.2	83.5	58.6
单块抗压强度(MPa)						
平均值(MPa)						
单块抗折强度(MPa)	7.0		5.2		6.1	
平均值(MPa)						

四、简答题

1. 水泥的取样方法有哪些？
2. 水泥凝结时间试验的主要步骤是什么？
3. 水泥胶砂强度成型的主要步骤是什么？

第二节　砂、石

一、选择题

1. 三个级配区的砂对混凝土拌和物性能的影响是否一样？（　）
   A 一样　B 不一样　C Ⅱ区和Ⅰ区一样
2. 标准规定砂筛分析试验结果，每种砂只能划入______级配区。（　）
   A 3个　B 2个　C 1个
3. 砂子处于Ⅲ区可以是中砂，也可为细砂，但不会是粗砂。（　）
   A 以上说法正确　B 以上说法不正确　C 说不定
4. 用标准法做砂、石的含泥量试验时，由于淘洗的泥水要求通过80 μm筛，故采用淘洗和冲洗两种不同的洗法，试验结果______。（　）
   A 一样　B 冲洗比淘洗大　C 冲洗比淘洗小
5. 砂、石的含泥量一定大于泥块含量。（　）
   A 正确　B 不正确　C 不一定
6. 砂、石的检验结果中出现______检验结果不合格，则不允许加倍取样复检。（　）
   A 含泥量　B 泥块含量　C 筛分析
7. 碎石压碎指标值试验中标准试样采用公称粒级10～20 mm的颗粒，其中不含______。（　）
   A 泥块　B 软颗粒　C 针片状颗粒
8. 砂的碱含量试验方法有______。（　）
   A 快速法　B 砂浆长度法　化学法　C 快速法　砂浆长度法
9. 石子的碱活性试验方法有______。（　）
   A 岩相法　B 岩石柱法　C 快速法 岩石柱法 岩相法 砂浆长度法
10. 岩石的抗压强度应比所配的混凝土强度至少提高______。（　）
   A 50%　B 100%　C 20%

二、填空题

1. 砂子的有害物质包括______________________________。
2. 混凝土用石应采用__________，岩石的强度可用__________和__________表示。
3. 砂或石应按同一产地同一规格分批验收，采用大型工具运输的应以400 m^3 或600 t

为一验收批，每批砂应进行____________、____________、____________检验，石子还应检验____________________。

4. 对于钢筋混凝土用砂，其氯离子含量不得大于________，对预应力混凝土用砂，其氯离子含量不得大于________。

5. 使用新产源的砂、石时，应按砂、石的质量要求对砂、石进行____________。

6. 进行砂筛分析试验时，机筛分________后，应再使用手筛的方法直至________的筛出量不超过试验总量的______为止。

7. 在砂、石料堆上取样时，取样位置应____________，取样前应先将取样部位表层铲除，然后从各部位抽取大致相等的砂________、石子________组成各自样品一组。

8. 砂样品的缩分有________、________，缩分时状态为____________。

9. 当碎石或卵石所含泥是非粘土质的石粉时，其含泥量可由标准 JGJ 52—2006 中的 0.5%、1.0%、2.0% 提高分别到____________。

10. 石子级配中对各粒级的过大颗粒（粒径大于上限值）含量分别做如下规定：对 5 ~ 25 mm、5 ~ 31.5 mm 和 5 ~ 40 mm 粒级为不大于________，5 ~ 16 mm 和 5 ~ 20 mm 粒级为不大于________，而对 5 ~ 160 mm 粒级为不大于________。

三、计算题

已知砂筛分析试验的两次平行试验结果如表 2-2 所示，判定该砂的级配区、级配是否合格和种类。

表 2-2　砂筛分析试验的两次平行试验结果

筛孔尺寸(mm)		5.00	2.50	1.25	0.630	0.315	0.160	筛底	筛余 + 剩余
第一次	筛余量(g)	20	40	78	166	105	66	24	499
	分计筛余百分率(%)								
	累计筛余百分率(%)								
第二次	筛余量(g)	22	40	80	162	108	66	23	501
	分计筛余百分率(%)								
	累计筛余百分率(%)								
	平均累计筛余(%)								

四、简答题

1. JGJ 52—2006 标准的两个强制性条文内容是什么？

2. 砂石坚固性试验所采用硫酸钠溶液法的原理是什么？

3. 为什么要根据混凝土强度等级的高低规定石子中的泥块含量指标值？

4. 砂碱活性试验的主要步骤是什么？（快速法）

第三节 砂 浆

一、选择题

1. 拌制砂浆称量的精度：水泥、外加剂为______，砂、石灰膏、粘土膏、粉煤灰和磨细生石灰粉为______。(　　)

A ±0.5%，±0.5%　　B ±0.5%，±1.0%　　C ±1.0%，±1.0%

2. 砌筑砂浆保水性能须良好，分层度不得大于______mm。(　　)

A 20　　B 25　　C 30

3. 水泥砂浆拌和物的密度不宜小于______kg/m^3。(　　)

A 1 900　　B 2 000　　C 2 100

4. 砂浆抗压强度试验应连续而均匀地加荷，加荷速度应为______kN/s。(　　)

A 0.5～1.0　　B 0.5～1.5　　C 1.0～1.5

5. 以 6 个砂浆抗压强度试件测值的算术平均值作为该组试件的抗压强度值，当 6 个试件的最大值或最小值与平均值的差超过______时，以中间 4 个试件的平均值作为该组试件的抗压强度值。(　　)

A 10%　　B 15%　　C 20%

6. 砂浆稠度仪的试锥由钢材或铜材制成，试锥高度为 145 mm，锥底直径为 75 mm，试锥连同滑杆的重量应为______g。(　　)

A 200　　B 300　　C 400

7. 砌筑砂浆分层度试验，取两次试验结果的算术平均值作为该砂浆的分层度值，若两次分层度试验值之差大于______mm，应重做试验。(　　)

A 20　　B 30　　C 40

8. 成型砂浆立方体抗压强度试件，向试模内一次注满砂浆，用捣棒由外向里按螺旋方向插捣________次。(　　)

A 15　　B 20　　C 25

9. 水泥砂浆中水泥用量不应小于______kg/m^3。(　　)

A 150　　B 200　　C 250

10. 石灰膏是一种水泥混合砂浆用的掺加料，当生石灰熟化成石灰膏时，应用孔径不大于 3 mm×3 mm 的网过滤，熟化时间不得少于______d。(　　)

A 7　　B 8　　C 9

二、填空题

1. 砂浆是由________________按适当比例配制而成的建筑工程材料。

2. 砂浆立方体抗压强度计算应精确至______________。

3. 砌筑砂浆中______________脱水硬化的石灰膏。

4. 水泥混合砂浆拌和物的密度不宜小于______________。

5. 具有冻融循环次数要求的砌筑砂浆，经冻融试验后，质量损失不得大于______，抗压强度损失率不得大于__________。

6. 水泥砂浆采用的水泥的强度等级不宜大于______________，水泥混合砂浆采用的水泥的强度等级不宜大于______________。

7. 砂浆的压力试验应采用精度不大于±2%的试验机，其量程应能使试件的预期破坏荷载值不小于全量程的______________，也不大于全量程的______________。

8. 水泥混合砂浆中水泥和掺合料总量宜为______________。

9. 石灰膏、粘土膏和电石膏试配时的稠度应为______________。

10. 水泥混合砂浆的标养条件是____，水泥砂浆的标养条件是____。

三、计算题

1. 已知6个砂浆抗压强度的单个值分别为5.5 MPa、5.8 MPa、5.2 MPa、5.6 MPa、6.0 MPa、5.8 MPa，计算该组砂浆抗压强度值。

2. 试用强度等级为32.5级的普通硅酸盐水泥，配制成稠度70～90 mm、强度等级为M10的水泥砂浆。已知砂为中砂（试配时使其为干燥状态，含水率小于0.5%），堆积密度为1 450 kg/m^3，σ 取2.50 MPa，砂浆的特征系数 $\alpha=3.03$，$\beta=-15.09$，用水量取300 kg/m^3。

四、简答题

1. 砂浆的定义是什么？简述砌筑砂浆在建筑工程中所起的作用。

2. 列出确定砂浆配合比的步骤。

第四节　混凝土

一、选择题

1. 应根据工程特点、所处环境以及设计、施工的要求，选适当______的水泥。(　　)

A 品种　　B 强度等级和标号　　C 品种和强度等级

2. 混凝土坍落度大小的选择应根据______确定。(　　)

A 单位用水量　　B 施工部位　　C 结构种类及施工工艺

3. 混凝土强度标准差的选用量是根据______选用的。(　　)

A 施工水平　　B 配制强度　　C 施工水平和混凝土强度等级

4. 混凝土的主要技术性质有________。(　　)

A 坍落度、强度　　B 和易性、强度、耐久性　　C 强度、耐久性

5. 混凝土配合比设计时，根据______选择砂率。(　　)

A 坍落度　　B 水灰比和集料最大粒径　　C 水灰比和集料品种及最大粒径

6. 根据______选择单位用水量。(　　)

A 坍落度、维勃稠度

B 集料品种、最大粒径及拌和物稠度

C 水灰比、稠度

7. 混凝土的抗压强度同______成正比。(　　)

A 水泥品种标号　B 水泥强度等级、灰水比　C 水灰比

8. 普通混凝土的干密度在______kg/m^3 之间。(　　)

A 2 600 ~2 800　B 2 000 ~2 600　C 2 000 ~2 800

9. 拆模后的试件应立即放在温度、湿度分别为______的标养室养护。(　　)

A (20 ±1)℃、95%以上　B (20 ±2)℃、95%以上　C (20 ±3)℃、95%以上

10. 混凝土抗压强度试验时加荷速度应为______MPa/s。(　　)

A 0.3 ~0.5　B 0.3 ~1.0　C 0.3 ~0.5 或 0.5 ~0.8

二、填空题

1. 粗集料最大粒径应根据____________和____________来选择。

2. 限制混凝土的最大水灰比和最小水泥用量,是为了保证混凝土的______和______。

3. 混凝土配合比设计时,除了考虑混凝土的____________要满足要求外,还要考虑到混凝土的____________要求。

4. 确定初步配合比后,要进行试配,试配的目的主要是找出____________满足要求的基准配合比和检验____________。

5. 混凝土设计配合比是以干燥状态为基准的,施工时应根据________的含水率及时________混凝土的配合比。

6. 抗渗混凝土使用的粗集料级配宜采用__________,细集料的__________不大于3%,__________不大于1%。

7. 抗渗混凝土配合比设计时,配制混凝土的抗渗等级应比设计值高________。

8. 高强混凝土配制时宜掺用____________________,且宜复合使用矿物掺合料。

9. 泵送混凝土宜用中砂,其小于________的颗粒含量不应小于________。

10. 在已知砂率的情况下,粗细集料的用量可用________和________计算。

三、计算题

1. 某砖混工程混凝土设计抗压强度等级为C20,现场28 d 龄期11 组抗压强度值分别为19.5 MPa、24.0 MPa、21.0 MPa、29.0 MPa、17.0 MPa、23.0 MPa、24.5 MPa、27.3 MPa、18.5 MPa、26.2 MPa、23.0 MPa,如以该11 组试件作为一个验收批,试评定该批混凝土强度合格与否?

2. 某工程混凝土设计强度等级为 C30,选用 P. O42.5 级水泥,28 天水泥实测值为44.5 MPa,要求混凝土坍落度为35 ~50 mm,粗集料为碎石,单位用水量185 kg,σ 取4.5 MPa,砂率取35%,每立方米混凝土假定质量 m_{cp} =2 400 kg,试计算初步配合比。

四、简答题

1. 简述混凝土配合比设计的主要步骤。
2. 影响混凝土抗压强度的主要因素是什么?
3. 影响混凝土和易性的主要因素是什么?

第五节　粉煤灰

一、选择题

1. 粉煤灰加入混凝土中可减少混凝土的单位用水量。(　　)

A 正确　　B 错误　　C 不一定

2. 掺粉煤灰的混凝土配合比设计时应采用______。(　　)

A 质量法或体积法　　B 质量法　　C 体积法

3. 下列______中宜掺用粉煤灰。(　　)

A 泵送混凝土　大体积混凝土　水下工程混凝土

B 常态混凝土　泵送混凝土　耐热混凝土

C 防冻混凝土　常态混凝土　水下工程混凝土

4. 粉煤灰的等级越高,则超量系数取值应______。(　　)

A 越大　　B 越小　　C 不变

5. 粉煤灰细度筛的校正应采用粉煤灰细度标准样品,其筛网校正系数在______。(　　)

A 1.0~1.4　　B 0.8~1.2　　C 0.8~1.0

6. 粉煤灰需水量比反映粉煤灰需水量的大小,它与______有关。(　　)

A 细度　　B 含碳量、烧失量　　C 细度、含碳量

7. 粉煤灰烧失量大,说明其______。(　　)

A 含灰量大　　B 含水量大　　C 含碳量大

8. 粉煤灰的需水量比是试验胶砂和对比胶砂的流动度均达到______mm 时的加水量之比。(　　)

A >180　　B 130~140　　C 130~150

9. 粉煤灰的细度越细、烧失量越小,则需水量比越______。(　　)

A 小　　B 大　　C 不变

10. 由于掺粉煤灰混凝土的强度与用 45 μm 筛筛余量控制粉煤灰的细度相关性较好,故选用 45 μm 的筛。(　　)

A 对　　B 错　　C 无关

二、填空题

1. 试验样是由对比样品和被检粉煤灰按______质量混合而成的。

2. 跳桌安装后，应用________________进行标定。

3. 拌制混凝土和砂浆用粉煤灰的技术要求是____。

4. Ⅰ级粉煤灰的细度、需水量比技术指标分别为____________、____________。

5. 合格的Ⅰ级粉煤灰具有________效果。

6. 粉煤灰以______同级、同类为一编号，可以从______以上不同部位等量取样，总量至少为______。

7. 拌制混凝土和砂浆的粉煤灰试验结果符合产品标准中____________________的技术要求即为等级品。

8. 进行粉煤灰细度试验时，负压筛析仪的压力应稳定在________________。

9. 粉煤灰需水量比试验用材料水泥为____、标准砂为____、水为________________。

10. 粉煤灰的细度、需水量比、烧失量对混凝土的性能影响很大，因此应______检验。

三、计算题

某粉煤灰经检验其 45 μm 方孔筛筛余量为 1.50 g，筛网标准样品筛余标准值为 1.0%、筛余实测值为 1.2%。试计算粉煤灰样品的细度，并下结论。

四、简答题

1. 简述粉煤灰需水量比试验步骤。

第六节　外加剂

一、选择题

1. 混凝土外加剂 GB 8076 标准包含______种外加剂。（　　）

A 7　　　　B 4　　　　C 9

2. 混凝土外加剂应用技术规范 GB 50119—2003 适用于______种外加剂在混凝土工程中的应用。（　　）

A 9　　　　B 14　　　　C 6

3. 普通减水剂进入工地现场需检验项目为______。（　　）

A pH 值、密度（或细度）、混凝土减水率

B pH 值、密度或细度、坍落度

C pH 值、混凝土减水率

4. 泵送剂进入工地现场需检验项目为______。（　　）

A 钢筋锈蚀、pH 值、压力泌水率

B pH 值、密度（或细度）、坍落度增加值及坍落度损失

C pH 值、密度(或细度)、压力泌水率

5. 严禁使用对人体产生危害,对______产生污染的外加剂。( )

A 工程　　B 环境　　C 室内

6. 严禁采用含有氯盐配制的早强剂及早强减水剂的混凝土结构是______。( )

A 预应力混凝土结构、大体积混凝土、有装饰要求的混凝土

B 预应力混凝土结构、钢筋混凝土结构、有装饰要求的混凝土

C 大体积混凝土、钢筋混凝土结构、有装饰要求的混凝土

7. 防冻剂检验规则规定同一品种的防冻剂每 50 t 为一批,不足 50 t 也可为一批,从______部位等量抽取,每批取量不少于 0.15 t 水泥需用的防冻剂量。( )

A 16 个　　B 20 个　　C 10 个

8. 混凝土外加剂 GB 8076 规定产品经检验匀质性符合要求,各类型的减水剂的减水率、缓凝型外加剂的凝结时间差、引气型外加剂的含气量及______符合相应要求,则判定该编号外加剂为相应等级的产品。( )

A 主要技术参数　　B 硬化混凝土的各项性能　　C 混凝土的各项性能

9. 混凝土外加剂减水率试验应做______次。( )

A 2　　B 1　　C 3

10. 混凝土减水剂的掺量越大,则减水越多。( )

A 错　　B 对　　C 不一定

二 、填空题

1. 检验混凝土外加剂的水泥应为__________。

2. 进行减水率试验时,基准混凝土与掺外加剂混凝土的__________应基本相同。

3. 混凝土外加剂的技术要求,一般分为__________要求和受检__________性能要求。

4. 外加剂释放氨量__________。

5. 泵送剂受检混凝土的检验项目有坍落度增加值、常压泌水率比、__________、含气量、__________、抗压强度比、收缩率比和对钢筋的锈蚀作用。

6. 钢筋锈蚀快速试验方法有__________和__________。

7. 含有亚硝酸盐、硫酸盐的防冻剂严禁用于__________。

8. 对掺膨胀剂补偿收缩混凝土的性能要求是,在不影响抗压强度的条件下__________要尽量大,另外__________要小。

9. 在混凝土外加剂对水泥的适应性检测结果中以其中____________________的外加剂为对水泥的适应性好。

10. 处于与水相接触或潮湿环境中的混凝土,当使用碱活性集料时,由外加剂带入的碱含量不宜超过________混凝土。

三、计算题

混凝土外加剂减水率三次试验数据分别为 $W_0 = 170\ kg/m^3$, $W_1 = 140\ kg/m^3$, $W_2 = 130\ kg/m^3$, $W_3 = 120\ kg/m^3$,试计算减水率。

四、简答题

1. 普通减水剂在混凝土中的主要功能是什么?

2. 混凝土外加剂在应用中应注意的主要事项有哪些?

3. 砌筑砂浆增塑剂的性能要求有哪些?

4. 简述混凝土泵送剂 JC 473—2004 中坍落度保留值试验的步骤。

第七节 砖

一、选择题

1. 烧结普通砖和多孔砖分______个强度等级。( )

A 5　　B 4　　C 3

2. 砖的吸水率以试样的______表示,精确至______。( )

A 最大值,1%　　B 算术平均值,1%　　C 最小值,0.1%

3. 烧结普通砖抗压强度试验,加载速度应为______kN/s。( )

A 5 ±0.5　　B 1 ~2　　C 0.1 ~0.2

4. 烧结普通砖和多孔砖取样应以______为一批。( )

A 3 万块　　B 3.5 万 ~15 万块　　C 1 万块

5. 烧结砖抹面试件要养护______,再进行试验。( )

A 1 d　　B 2 d　　C 3 d

6. 单块烧结砖抗压强度计算应精确到______MPa。( )

A 0.1　　B 0.01　　C 0.001

7. 非烧结砖试件,______,直接进行试验。( )

A 养护后　　B 养护 3 d　　C 不需养护

8. 砌墙砖体积密度试验结果以试样密度的计算平均值表示时,应精确至______kg/m^3。( )

A 10　　B 0.1　　C 1

9. 用于石灰爆裂试验中,砖样需在箱中加盖蒸煮______h。( )

A 3　　B 6　　C 8

10. 各类砌墙砖均需进行的检验项目为______。( )

A 外观质量,尺寸偏差,强度等级,抗冻性能

B 外观质量,尺寸偏差,强度等级

C 尺寸偏差,强度等级,抗冻性能

二、填空题

1. 砖的抗冻性能试验要做__________次冻融循环试验。

2. 非破坏性试验项目的砖__________在检验后继续用做其他检验。

3. 烧结普通砖抗压试件制作时应注意，每半截砖边长不得__________，断口方向应__________。

4. 砖抗折抗压试验中，试验的预期最大破坏荷载应选择在试验机量程的__________之间。

5. 石灰爆裂试验的砖试样不得经________或________。

6. 烧结普通砖和多孔砖强度等级根据抗压强度分______个强度等级，强度和抗风化性能合格的砖，又可分________、________、________三个质量等级。

7. 烧结普通砖和多孔砖的强度等级由________________和________________两种方法评定，其中标准值的计算公式为________________。

8. 烧结普通砖和多孔砖强度等级的评定根据变异系数，当__________，采用平均值—标准值方法；当__________，采用平均值—最小值方法。

9. 烧结普通砖和多孔砖取样以__________为一批。混凝土小型空心砌块取样以__________为一批。

10. 烧结多孔砖为大面有孔的直角六面体，孔洞率一般__________。烧结空心砖和空心砌块，孔洞率一般在________。

三、计算题

1. 下面是一组烧结普通砖的抗压强度试验数据，试计算其强度并确定用什么方法评定强度等级？

表 2-3　烧结普通砖的抗压强度试验数据

样品编号	试件尺寸(mm)		受压面积（mm^2）	荷载（kN）	抗压强度（MPa）
	长	宽			
1	113	108		336	
2	112	108		292	
3	115	111		143	
4	109	108		224	
5	111	109		224	
6	112	107		186	
7	110	103		198	
8	111	111		309	
9	110	110		265	
10	111	105		252	

2. 下面是一组烧结空心砖体积密度的试验数据，试计算其体积密度。

表 2-4 烧结空心砖体积密度的试验数据

样品编号	试件尺寸(mm)			试样干质量(kg)	体积密度(kg/m^3)	平均值(kg/m^3)
	长	宽	高			
1	240	240	117	6.870		
2	240	240	116	6.565		
3	240	240	118	6.755		
4	240	240	116	6.910		
5	240	240	117	6.645		

四、简答题

1. 简述烧结普通砖抗压强度样品制作的主要步骤与养护方法。

2. 简述烧结普通砖、多孔砖、非烧结砖的等级评定方法。

第八节 砌 块

一、选择题

1. 普通混凝土小型空心砌块,孔洞率应不小于______。( )

A 35%　　B 25%　　C 15%

2. 混凝土小型空心砌块抗压强度试验要求加载速度为______kN/s。( )

A 5 ~25　　B 10 ~30　　C 15 ~35

3. 混凝土小型空心砌块含水率试验,称量应精确到______kg。( )

A 0.05　　B 0.10　　C 0.1

4. 普通混凝土小型空心砌块抗渗试验要求自______算起______后测量玻璃筒内水面下降的高度。( )

A 加水时,2 h　　B 加水完成后,2 h　　C 加水时,1 h

5. 砌块抗渗性试验结果取 3 个试件中水面下降的______来评定。( )

A 最大高度　　B 3 高度平均值　　C 高度的中值

6. 混凝土小型空心砌块抗压强度试验结果以 5 个试件的抗压强度的______和______表示。( )

A 算术平均值,单块最大值　B 中间值,单块最小值　C 算术平均值,单块最小值

7. 混凝土小型空心砌块抗折强度试验以______N/s 速度加载,直至试件破坏。( )

A 200　　B 250　　C 300

8. 混凝土砌块空心率试验所用磅秤感量为______kg。( )

A 0.05　　B 0.10　　C 0.20

9. 混凝土小型空心砌块块体密度试验是将试件放在电热鼓风箱内在(105 ±5)℃温度下干燥______,然后每隔______称量一次,直至两次称量之差不超过后一次的______为止。(　　)

A 24 h,2 h,0.5%　　B 48 h,4 h,0.2%　　C 24 h,2 h,0.2%

10. 混凝土小型空心砌块抗冻试验试件数量为______组______块。(　　)

A 2,6　　B 3,6　　C 2,10

二、填空题

1. 混凝土小型空心砌块外观质量等级分为______、______、______。
2. 同外观等级、强度等级和同一工厂生产砌块每______块为一检验批。
3. 加气混凝土力学性能试验中,抗压强度试件尺寸为______;抗折强度试件尺寸为______。
4. 加气混凝土抗压、抗折强度试验中,试验机加荷速度均为______。
5. 混凝土小型空心砌块抗折强度以试验结果的______表示,精确至______。
6. 混凝土小型空心砌块抗折强度试验需先测量计算出试件的______和______的平均值。
7. 用来做含水率、吸水率试验的砌块试件如需运至远离取样处试验,则在取样后应立即______。
8. 加气混凝土强度试验结果,按3块试件试验值的______进行评定,精确至______。
9. 混凝土砌块抗渗性试验中三个试块中任一块的水面下降高度都______时,该混凝土砌块抗渗性为合格。
10. 轻集料混凝土小型空心砌块复检时,其抽检数量和检验项目与前一次检验______。

三、计算题

下面是混凝土空心小砌块体积密度的试验数据,试计算其体积密度。

表 2-5　混凝土空心小砌块体积密度的试验数据

样品编号	试件尺寸(mm)			试样体积(m^3)	试样干质量(kg)	体积密度(kg/m^3)	平均值(kg/m^3)
	长	宽	高				
1	390	190	190		11.10		
2	390	190	190		11.40		
3	390	190	190		11.25		

四、简答题

1. 简述混凝土小型空心砌块抗压强度的试验步骤。

2. 简述加气混凝土抗折强度的试验步骤。

第九节　瓦

一、选择题

1. 屋面瓦的承载力实测______不得小于可验收值。(　　)

A 平均值　　B 中间值　　C 最小值

2. 混凝土瓦吸水率试验结果以三块试样的______吸水率表示,修约至______。(　　)

A 最小值,0.1%　　B 平均值,0.5%　　C 最大值,0.1%

3. 烧结瓦抗弯曲性能试验中应以______N/s 速度均匀加荷,直至断裂。(　　)

A 10 ~ 50　　B 50 ~ 100　　C 100 ~ 150

4. 釉类瓦的吸水率______,无釉类瓦的吸水率不得______。(　　)

A 不大于12.0%,大于21.0%

B 不大于12.0%,小于21.0%

C 不小于12.0%,小于21.0%

5. 瓦抗冻试验所用低温箱或冷冻室在试样放入后,箱(室)内温度应可调至______。(　　)

A −10 ℃或 −10 ℃以下　　B −15 ℃或 −15 ℃以下　　C −20 ℃或 −20 ℃以下

6. 瓦的耐急冷急热性试验要求进行______次急冷急热循环。(　　)

A 3　　B 5　　C 6

7. 做承载力检验和抗冻性检验混凝土瓦的试样龄期应______。(　　)

A 不少于15 d　　B 不少于28 d　　C 不超过28 d

8. 烧结瓦的吸水率试验结果应以______表示。(　　)

A 每件试样的吸水率　　B 试样中吸水率最大值　　C 试样中吸水率最小值

9. 瓦的抗渗试验中试样制作完成后应在试样架上持续保持______h,观察记录瓦背面有无水滴产生。(　　)

A 1　　B 3　　C 6

10. 屋面瓦的承载力试验最高加荷速度为____N/min,直至试件断裂破坏。(　　)

A 3 500　　B 5 000　　C 6 500

二、填空题

1. 混凝土瓦可分为________、________、________三个等级。

2. 混凝土瓦的复验针对______________进行,且只允许进行________。

3. 混凝土瓦承载力试验结果以承载力的______________表示,精确至________。

4. 混凝土瓦含水率试验所用干燥箱的温度需保持在__________的范围内,浸泡用清水温度需保持在________的范围内。

5. 混凝土瓦抗渗性能试验环境条件为:温度为________,空气相对湿度________。

6. 混凝土瓦抗冻试验中要求进行________次冻融循环,中间如有中断,中断时间只能在________阶段。

7. 抗冻性能试验中,混凝土瓦需进行______次冻融循环试验,烧结瓦需进行______次冻融循环试验。

8. 混凝土瓦在抗冻性能检验后,进行________检验,再进行________检验。

9. 釉类瓦需进行____________________检验。

10. 同类别、同规格、同色号、同等级的烧结瓦每____________________件为一检验批。不足该数量时,也按________计。用于非破坏性试验项目瓦的试样________其他项目检验。

三、计算题

一混凝土瓦吸水率试验结果如下,其他试验结果均符合一等品指标要求,请判定该批瓦是合格品还是一等品。(合格品吸水率≤12%,一等品吸水率≤10%)

表 2-6 混凝土瓦吸水率试验结果

编号	瓦干燥质量(g)	瓦饱水后的质量(g)	吸水率(%)	吸水率评定值(%)
1	4 450	4 880		
2	4 460	4 920		
3	4 490	4 920		

四、简答题

1. 简述烧结瓦抗弯曲性能试验步骤。

2. 简述混凝土瓦承载力试验步骤。

第十节 钢 材

一、选择题

1. 钢材试验一般在室温 10 ~ 35 ℃范围内进行,对强度要求严格的试验,试验温度应为______。( )

A (20 ±2)℃　　B (23 ±2)℃　　C (23 ±5)℃

2. 钢材伸长率试验,原则上只有断裂处与最接近的标距标记的距离不小于原始标距______情况方为有效。( )

A 1/2　　B 1/3　　C 1/4

3. GB 1499 中规定,钢筋混凝土用热轧带肋钢筋每批应由______的钢筋组成。( )

A 同一牌号、同一炉罐号、同一规格

B 同一出厂日期、同一牌号、同一规格

C 同一牌号、同一冶炼方法、同一炉罐号

4. 钢筋拉伸试验不合格，应______。(　　)

A 判定该钢筋不合格

B 从同一批钢筋中取样对该不合格项重新检验

C 从同一批钢筋中取双倍样对该不合格项重新检验

5. 钢筋混凝土用热轧光圆钢筋弯曲试验，弯芯直径应为______。(　　)

A $3a$　　B $2a$　　C $1a$　（注：a 为钢筋公称直径）

6. 对于矩形钢材试样横截面面积的测定，应在试样______测量其宽度和厚度，取用______。(　　)

A 标距的两端，两端横截面面积的平均值

B 标距的两端及中间三处，三处测得的最小横截面积

C 中间，该处测得的面积

7. 对钢筋混凝土用热轧带肋钢筋进行拉伸、弯曲、反复弯曲试验的试样，对其车削加工的要求是______。(　　)

A 允许车削加工　　B 不允许车削加工　　C 不作要求

8. 一钢材抗拉强度的计算值为 508.5 MPa，对其进行数值修约，修约后的抗拉强度值应为______MPa。(　　)

A 508　　B 509　　C 510

9. 钢材拉伸试验，当试样断在标距外或断在机械刻划的标距标记上，而且断后伸长率小于规定最小值时，______。(　　)

A 试验结果无效，重做同样数量试样的试验

B 试验结果无效，重做双倍数量试样的试验

C 钢材判定不合格

10. 钢材原始面积的测定，应根据测量的试样原始尺寸计算原始横截面积，并至少保留______位有效数字。(　　)

A 4　　B 3　　C 2

二、填空题

1. 钢材试验机应为______准确度。

2. 热轧直条光圆钢筋级别为______，强度等级代号为______。

3. 钢材试样原始标距与原始横截面积有______关系者称为______。

4. 钢材进行弯曲试验时，受弯曲部位外表面不得______。

5. 钢筋的表面质量要求：钢筋的表面不得有______。

6. 钢筋直径的测量应精确到______。

7. 钢筋反复弯曲试验应______，到有关标准中所规定的弯曲次数或试样折断为止。

8. 闪光对焊试件做弯曲试验，当弯至________时，应至少有______试件不得发生破断。

9. 钢筋混凝土用热轧光圆钢筋和钢筋混凝土用热轧带肋钢筋的拉伸和弯曲试验，取样数量均为________。

10. 钢筋混凝土用热轧带肋钢筋分为______________________________三个牌号。

三、计算题

一直径为 18 mm 的钢筋混凝土用热轧带肋钢筋，其屈服荷载为 104 kN、最大破坏荷载为 149 kN，断后标距为 121.0 mm，计算该钢筋的屈服强度、抗拉强度和伸长率。

四、简答题

1. 屈服强度的测定可用几种方法？仲裁试验采用哪种方法？

2. 低碳钢热轧圆盘条按用途分为几类？写出不同类别的盘条及其代号的表示方法。

第十一节　预应力钢材

一、选择题

1. 钢绞线按结构分类，分为______。(　　)

A 3 类　　B 4 类　　C 5 类

2. 钢丝应成批检查和验收，每批钢丝由______的钢丝组成。(　　)

A 同一牌号、同一规格、同一加工状态

B 同一牌号、同一规格、同一交货状态

C 同一牌号、同一炉罐号、同一规格

3. 钢丝、钢绞线的应力松弛试验，试样标距的长度不小于公称直径的______。(　　)

A 70 倍　　B 60 倍　　C 50 倍

4. 冷拉钢丝的规定非比例伸长应力 $\sigma_{p0.2}$ 值不小于公称抗拉强度的______。(　　)

A 70%　　B 75%　　C 80%

5. 冷拉钢丝最大力下总伸长率试验采用的标距为______mm。(　　)

A 100　　B 150　　C 200

6. 钢绞线的直径应用分度值为______mm 的量具测量。(　　)

A 0.01　　B 0.02　　C 0.05

7. 钢丝、钢绞线的检验，若有一项不符合产品标准要求，应______。(　　)

A 从同一批未经试验的盘卷中取双倍数量的试样进行该不合格项的复检

B 从同一批未经试验的盘卷中取相同数量的试样进行该不合格项的复检

C 判该样品不合格

8. 钢丝、钢绞线的表面和外形尺寸检查，应______。(　　)

A 逐盘检查　　　　　　　　B 每批中抽查5%　　　　　　C 抽查3盘

9. 钢丝、钢绞线应力松弛试验期间,试样的环境温度应保持在______的范围内。(　　)

A (20±5)℃　　　　　　　B (20±3)℃　　　　　　　C (20±2)℃

10. 整根钢绞线的最大力试验,如试样在夹头内和距钳口______钢绞线公称直径内断裂达不到本标准性能要求时,试验无效。(　　)

A 2倍　　　　　　　　　　B 3倍　　　　　　　　　　C 4倍

二、填空题

1. 每一盘钢丝、钢绞线应____________,每一合同批应________________。

2. 钢丝按外形分为________________________三种,其代号分别为________。

3. 钢丝直径应用分度值为________的量具测量,在任何部位同一截面____________上测量。

4. 用七根钢丝捻制的标准型钢绞线,其代号为________。

5. 制成钢丝、钢绞线用的盘条应为______________。

6. 钢绞线内不应有____________________________的钢丝。

7. 钢丝最大力下总伸长率,可采用________________________________代替,但仲裁试验以最大力下总伸长率为准。

8. 钢丝、钢绞线的应力松弛试验,初始负荷应在________内均匀施加完毕,持荷________后开始记录松弛值。

9. 钢丝的表面质量要求:钢丝表面不得有____等。

10. 消除应力的钢丝,其规定非比例伸长应力$\sigma_{p0.2}$值对低松弛级钢丝应不小于公称抗拉强度的________,对普通松弛级钢丝应不小于公称抗拉强度的________。

三、计算题

1. 一直径为5 mm的预应力钢丝,根据其力—延伸曲线图上测得的相应于所求规定非比例伸长应力$\sigma_{p0.2}$的力为34.1 kN,求该钢丝的规定非比例伸长应力$\sigma_{p0.2}$。

2. 一钢丝做拉伸应力松弛试验,其初始应力为1 420 MPa,剩余应力为1 400 MPa,求该钢丝的应力松弛率。

四、简答题

1. 消除应力钢丝按松弛性能又分为低松弛级钢丝和普通松弛级钢丝,请问低松弛级钢丝和普通松弛级钢丝的定义及其代号是什么?

2. 冷轧带肋钢筋应力松弛试验的要点是什么?

第十二节　涂料(腻子)

一、选择题(不定项)

1. 下面各项检测参数中为涂料出厂检验项目的参数有_____。(　　)

A 容器中状态　　B 干燥时间　　C 对比率　　D 耐水性

2. 建筑室内用腻子分为_____型腻子和_____型腻子两种。(　　)

A 一般　　B 耐水　　C 实干　　D 实干 2 h

3. 涂饰溶剂型涂料时,后一遍涂料必须在前一遍涂料_____后进行。(　　)

A 表干　　B 表干 2 h　　C 实干　　D 实干 2 h

4. 室外涂饰工程每栋楼同类涂料涂饰的墙面每_____ m^2 作为一个检验批。(　　)

A 1 000　　B 5 000　　C 10 000　　D 20 000

5. 涂料取样时可采取以下盛样容器_____。(　　)

A 内部未涂漆的金属罐　　B 纸袋　　C 玻璃瓶　　D 塑料袋

6. 涂料试验采用的试板的底材可以是_____。(　　)

A 马口铁板　　B 铁板　　C 玻璃板　　D 钢板　　E 纸面石膏板

7. 涂料试板的制备可采用以下方法_____。(　　)

A 刷涂法　　B 刮涂法　　C 喷涂法　　D 滚涂法　　E 线棒涂布法

8. 涂料对比率试验的试板的底材可以是_____。(　　)

A 马口铁板　　B 聚酯膜　　C 石棉水泥板　　D 卡片纸

9. 合成树脂乳液内墙涂料根据以下指标分为三个等级_____。(　　)

A 对比率　　B 耐水性　　C 耐碱性　　D 耐洗刷性

10. 涂料说明书注明稀释比例为 1:(4~6),则应按_____稀释后制作试板。(　　)

A 1:5　　B 1:4　　C 1:6　　D 都可以

二、填空题

1. 室内涂饰工程每_____间同类涂料涂饰的墙面作为一个检验批。

2. 涂料试验的标准环境条件为:温度______,相对湿度______。

3. 涂料耐沾污性试验方法中采用______作为污染介质。

4. 溶剂型外墙涂料制作试板时,除______采用刮涂制板外,其余均采用______制板。

5. 对比率试验的仲裁方法为______法。

6. 耐洗刷性试验中的洗刷介质一般为______溶于蒸馏水中,配制成 0.5% 的溶液,pH 值为 9.5~10.0。

7. 除另有规定外,一般自干漆在恒温恒湿条件下进行状态调节_____,挥发性漆进行状态调节_____。

8. 合成树脂乳液内墙涂料试验时如未注明稀释比例,则应______后制板。

9. 建筑室内用腻子耐水性试验时______块试板中有两块试板未发现起泡、开裂及脱落时，认为“水中浸渍无异常”。

10. 建筑外墙用腻子按______________指标分为P型腻子和R型两种。

三、计算题（略）

四、简答题

1. 简述涂料刷涂量的测定方法。

2. 简述涂料容器中状态、涂膜外观和施工性的试验方法及结果评定。

第十三节 沥 青

一、选择题

1. 石油沥青是一种______的有机胶结材料。（ ）

A 吸水性 B 亲水性 C 憎水性

2. 石油沥青的针入度试验，是以______为试验结果。（ ）

A 一次试验的测定值 B 二次试验测定值的平均值 C 三次试验测定值的平均值

3. GB/T 4507 中石油沥青软化点测定的重复性规定，两次结果的差数不得大于______℃。（ ）

A 1.1 B 1.2 C 1.3

4. ______是用来表示石油沥青的稠度性能的。（ ）

A 针入度 B 软化点 C 延度

5. 以同一批出厂，且类别、牌号相同的沥青为一个取样单位，从不同部位取数量大致相等的洁净试样混合均匀，试样共重______kg。（ ）

A 1 B 2 C 3

6. 甘油适于软化点为 80 ~ 157 ℃的沥青，起始加热介质的温度应为______℃。（ ）

A 20 ± 1 B 25 ± 1 C 30 ± 1

7. GB/T 4509 中石油沥青针入度测定的再现性规定，不同操作者同一样品利用同一类型仪器测得的两次结果不超过平均值的______。（ ）

A 11% B 12% C 13%

8. 建筑石油沥青按针入度不同分为________三个牌号。（ ）

A 10 号、20 号和 30 号 B 10 号、30 号和 40 号 C 20 号、30 号和 40 号

9. ______是用来表示石油沥青的塑性性能的。（ ）

A 针入度 B 软化点 C 延度

10. 沥青针入度仪的标准针、针连杆与附加砝码的总重量为______。（ ）

A (100 ± 0.05)g B (90 ± 0.05)g C (110 ± 0.05)g

二、填空题

1. 石油沥青的针入度试验,取三次试验测定值的平均值,取至______。

2. 针入度是在规定条件下,标准针垂直穿入沥青试样中的深度,以______表示。

3. 新沸煮过的蒸馏水适于软化点为 30 ~ 80 ℃的沥青,起始加热介质的温度应为______。

4. 进入工地的沥青同一批至少抽一次,检验______,检测合格才能使用。

5. 正常的沥青延度试验应将试样拉成锥形,直至在断裂时实际横断面面积接近于______。

6. 以______,并且______的沥青为一个取样单位。

7. 测定沥青软化点的两只钢球,其直径为______,每只质量为______。

8. 同一次软化点测定试验,取两个温度的平均值作为沥青的软化点,若两个温度的差值超过______,则重新试验。

9. 沥青的针入度越大,就说明沥青粘稠度______,沥青就______。

10. 软化点用于沥青______,是沥青产品标准中的重要技术指标。

三、计算题

1. 取一定数量的 30 号建筑石油沥青,对其进行针入度检验,三次针入度试验的测定值分别为 31、30、31,计算该建筑石油沥青的针入度值。

2. 一道路石油沥青的三次延度试验的测定值分别为 94 cm、104 cm、102 cm,计算该道路石油沥青的延度值。

四、简答题

1. GB/T 4507 中规定检验沥青软化点用的加热介质是怎样选定的?

2. GB/T 4508 中的精密度是怎样规定检验沥青延度的重复性和再现性的?

第十四节　防水材料

一、选择题(不定项)

1. 改性沥青聚乙烯胎防水卷材、APP 防水卷材、SBS 防水卷材中最适于高温条件下使用的是______。(　　)

A 改性沥青聚乙烯胎防水卷材　　B APP 防水卷材

C SBS 防水卷材　　D 都一样

2. 防水卷材取样进行试验时,应先切除卷头______mm 后再顺纵向切取长度为______mm 的全幅卷材 2 块,1 块为物理力学性能检测用,1 块备用。(　　)

A 2 500,800　　B 10 000,500　　C 10 000,800　　D 2 500,500

3. 三元乙丙橡胶防水卷材、APP 防水卷材、SBS 防水卷材中最适于低温条件下使用的是 ________。(　　)

A 三元乙丙橡胶防水卷材　　B APP　　C SBS　　D 都一样

4. 一防水卷材(SBS Ⅰ PY PE4 GB 18242)试验结果如下:纵向拉力,试验拉力值分别为 440 N/50mm、490 N/50mm、430 N/50mm、500 N/50mm、440 N/50mm;低温柔度试验时,6 个试件中 1 个试件出现裂纹,其余 5 个正常;其他检测项目均合格,则该防水卷材应判定为______。(　　)

A 不合格　　B 合格

C 对纵向拉力复检　　D 对低温柔度复检

5. 以下哪些情况下需要进行型式检验______。(　　)

A 新产品投产　　B 提高了生产效率　　C 正常生产已半年

D 出厂检验结果与 5 个月前的型式检验结果有较大差异

6. 3 mm 的砂面聚酯胎Ⅰ型塑性体改性沥青防水卷材的标记为______。(　　)

A SBS Ⅰ PY PE3 GB 18242　　B APP Ⅰ PY S3 GB 18243

C SBS Ⅰ PY S3 GB 18242　　D APP Ⅰ PY PE3 GB 18243

7. 下面各项检测参数中为防水卷材出厂检验项目的参数有______。(　　)

A 不透水性　　B 最大拉力下的延伸率

C 外观　　D 撕裂强度

8. 防水卷材以同一类型、同一规格________ m^2 作为一个检验批。(　　)

A 10 000　　B 5 000　　C 1 000　　D 20 000

9. 一聚氨酯防水涂料物理力学性能试验结果为:拉伸强度低于标准要求,其余指标均合格,则应判定为______。(　　)

A 在该批产品中重新抽取样品进行所有复检,如合格则判定产品合格。

B 不合格

C 在该批产品中重新抽取样品进行拉伸强度单项复检,如合格则判定产品合格,否则判定为不合格

10. 聚氨酯防水涂料产品外包装上应有______。(　　)

A 使用配比　　B 使用说明　　C 用途　　D 运输及储存注意事项

二、填空题

1. 弹性体改性沥青防水卷材按胎基分为________和________两种。

2. 聚氨酯防水涂料试验的标准环境条件为:温度为________,相对湿度为________。

3. 防水卷材在火车上的堆放方式为______,堆放高度不超过______层。

4. 塑性体改性沥青防水卷材进行不透水性试验时,上表面材料为 PE 膜时以______作为迎水面;上表面材料为砂面时以________作为迎水面;上表面材料为矿物粒料时以________作为迎水面。

5. SBS 防水卷材外观检查时发现 5 卷中有 3 卷距外层卷头 2 ~4 m 处存在着接头,其余项目均合格,则该批卷材应判为______。

6. 改性沥青聚乙烯胎防水卷材以同一类型、同一规格______m^2 作为一个检验批。

7. 不透水性试验的试件尺寸为___________。

8. 聚氨酯防水涂料按___________分为Ⅰ型和Ⅱ型。

9. 聚合物水泥防水涂料以同一批号不超过______t 产品为一批。

10. 聚氨酯防水涂料试验结果中表干时间和实干时间均不合格，则该样品应判为________。

三、计算题

一厚度为 3.0 mm 的防水卷材拉伸试验结果如下：横向 5 个试件拉伸过程中的最大荷载分别为 480 N、440 N、430 N、460 N、490 N（试件宽度为 50 mm），试计算该样品拉力。（标准值为 450 N）

四、简答题

1. 简述 SBS 防水卷材低温柔度试验的仲裁方法。

2. 简述 SBS 防水卷材物理力学性能检测用试样的裁取方法。

第十五节　建筑石灰

一、选择题

1. 关于石灰说法正确的是______。（　　）

A 石灰的硬化包括两个过程：结晶作用和碳化作用

B 石灰硬化过程中体积微膨胀　　C 石灰储存可以过久

2. 化学分析用的水是______。（　　）

A 自来水　　B 纯净水　　C 蒸馏水

3. 测定氧化钙的含量，是在______性溶液中进行的。（　　）

A 强碱　　B 强酸　　C 中性

4. 分析天平不低于______级。（　　）

A 二　　B 三　　C 四

5. 石灰的特点是______。（　　）

A 水化热小　　B 熟石灰和易性好　　C 硬化快

6. 分析天平称取试样应准确至______g。（　　）

A 0.000 1　　B 0.000 2　　C 0.000 3

7. 钙质生石灰的氧化镁含量应不小于______。（　　）

A 3%　　B 4%　　C 5%

8. 氧化镁的测定所用的缓冲溶液是______。（　　）

A 氨水 - 氯化铵　　B 乙酸 - 乙酸钠　　C 酒石酸钾钠

9. 化学试验分析结果中百分含量的数值，应保留小数点后______位。（　　）

A 三　　　　　　B 二　　　　　　C 四

10. 石灰烧失量的测定是将试样放______℃高温炉中灼烧。(　　)

A 800 ~ 850　　　B 850 ~ 900　　　C 950 ~ 1 000

二、填空题

1. 用 EDTA 滴定氧化镁,临近终点时应缓慢滴定至__________。

2. 建筑石灰分三个等级,分别为____________________________。

3. 镁质生石灰中氧化镁含量不大于________。

4. 测定三氧化二铁是以__________________________为指示剂。

5. 试验所用试剂为__________________。

6. 分析天平的________和________应定期进行鉴定。

7. 测定氧化镁是在 pH = 10 溶液中以____________________________掩蔽铁铝的。

8. 石灰试样在分析前,试样应在____________烘箱中干燥 2 h。

9. 建筑生石灰的取样点不少于______个,每个点取样量不少于______,缩分至______装入密封容器中。

10. 建筑生石灰粉应______、______存放,储存于干燥的仓库内。

三、计算题

1. 试验称取石灰 0.500 1 g,用水稀释至 250 mL 的容量瓶中,用移液管移取 10 mL 于锥形瓶中,用 0.015 mol/ L EDTA 滴定,消耗了 EDTA 标准溶液 16.5 mL,求石灰中氧化钙含量(用氢氧化钙表示)。(TCaO = 0.830 0　Ca 40　O 16)

2. 准确称取石灰试样 1.0 g,置于恒重瓷坩埚中放在 950 ~ 1 000 ℃高温炉中,灼烧 1 h,取出稍冷,放在干燥器内冷至室温称量为 0.7 g,求试样的烧失量,并判断其是否合格。

四、简答题

1. 如何判断消石灰体积安定性是否合格?

2. 如何配制 0.015 mol/ L 的 EDTA?

第十六节　陶瓷砖

一、选择题(不定项)

1. 根据《外墙饰面砖工程施工及验收规程》(JGJ 126—2000),陶瓷砖进场后应进行复检的项目有______。(　　)

A 表面质量　　　B 吸水率　　　C 抗冻性　　　D 断裂模数

2. 陶瓷砖破坏强度试验时的最少试样数量为______。(　　)

A 10　　　B 7　　　C 5　　　D 都不对

3. 瓷质砖（$E \leqslant 0.5\%$）吸水率试验结果分别为 0.6%、0.5%、0.3%、0.6%、0.5%，则该批样品______。（　）

A 接收　　B 拒收　　C 抽取第二样本进行检验后判定

4. 根据吸水率，陶瓷砖可分为______。（　）

A Ⅰ类砖、Ⅱ类砖、Ⅲ类砖　　B 低吸水率砖、中吸水率砖、高吸水率砖

C 瓷质砖、炻瓷砖、细炻砖、炻质砖和陶质砖　　D 挤压砖、干压砖

5. 陶瓷砖尺寸偏差是各平均尺寸相对于______的偏差。（　）

A 工作尺寸　　B 名义尺寸　　C 模数尺寸　　D 配合尺寸

6. 采用浸没试验测抗热震性的陶瓷砖是______。（　）

A 瓷质砖　　B 炻瓷砖　　C 细炻砖　　D 炻质砖

E 陶质砖

7. 陶瓷砖试验中样本量一定最多的试验项目为______。（　）

A 抗热震性　　B 抗冻性　　C 吸水率　　D 破坏强度

8. 陶瓷砖吸水率试验需要的整砖数量为______。（　）

A 10 块　　B 5 块　　C 3 块　　D 10 块、5 块或 3 块

E 10 块或 5 块

9. 边长 500 mm的陶瓷砖需要整砖数量最少的试验项目为______。（　）

A 抗热震性　　B 抗冻性　　C 吸水率　　D 破坏强度

10. 陶瓷砖破坏强度的单位是______。（　）

A MPa　　B n/m　　C N　　D N/m

二、填空题

1. 陶瓷砖的抽样检验系统采用两次抽样方案，一部分采用______检验方法，一部分采用______检验方法。

2. 进行吸水率试验时，陶瓷砖水的饱和有________和________两种。

3. 陶瓷砖分类时吸水率试验采用________进行。

4. 吸水率不大于 10% 的陶瓷砖抗热震性测定方法为__________。

5. 吸水率大于 10% 的陶瓷砖抗热震性测定方法为__________。

6. 按成型方法陶瓷砖分为________、________和其他方法成型的砖。

7. 吸水率大于 10% 的陶瓷砖称为________。

8. 陶质砖抗热震性测定方法为______________。

9. 陶瓷砖断裂模数和破坏强度试验时如有效结果少于______个时应取加倍数量的砖进行第二组试验。

10. 陶瓷砖表面质量采用计数检验方法，吸水率、断裂模数和破坏强度采用______________________________________。

三、计算题

一细炻砖第一样本吸水率试验结果如表 2-7 所示，其他试验结果均合格，请判定该批

砖是可以接收还是需检验第二样本。

表 2-7　第一样本试验结果

编号	干砖质量(g)	砖在沸水中吸水饱和后的质量(g)	吸水率(%)	吸水率平均值(%)
1	98.62	104.35		
2	99.58	105.70		
3	98.24	104.10		
4	97.86	103.65		
5	98.34	103.95		
6	97.68	103.45		
7	98.12	104.00		
8	98.94	104.95		
9	99.18	104.80		
10	97.64	103.35		

四、简答题

1. 简述陶瓷砖厚度测量方法。

2. 简述陶瓷砖计量检验的接收规则。

第十七节　饰面砖粘结强度检测

一、选择题

1. 环氧系粘结剂宜采用型号为 914 的快速粘结剂，其粘结强度宜大于______kPa。(　　)

A 3.0　　B 4.0　　C 5.0

2. 手持切割锯宜采用树脂安全锯片，锯片尺寸应为______。(　　)

A 100 mm×2.7 mm×1.4 mm　　B 150 mm×2.7 mm×1.9 mm

C 150 mm×1.7 mm×1.4 mm

3. 标准块粘结过程中，粘结剂应搅拌均匀，随用随配，涂布均匀，涂层厚度不得大于______mm。(　　)

A 0.5　　B 1　　C 1.5

4. 带饰面砖的预制墙板，每生产______块预制墙板取 1 组试样，每组在______块板中各取 1 个试样。(　　)

A 150,6　　B 100,6　　C 100,3

5. 某工程外墙为马赛克，在做粘结强度检验时，标准块应选用______。(　　)

A 95 mm×45 mm　　B 40 mm×40 mm　　C 两种均可

6. 某工程为一次成型的预制外墙板饰面砖，取 1 组试样，标准块为 95 mm×45 mm，

测试的粘结力值分别为2.94 kN、3.25 kN、1.66 kN,则该墙面的饰面砖粘结强度______。( )

A 合格　　B 不合格　　C 在原取样区双倍取样

7. 对某建筑工程饰面砖(外墙饰面砖)粘结强度进行检测,其中一组试样3块饰面砖的粘结强度值分别为0.50 MPa、0.45 MPa和0.36 MPa,破坏状态为饰面砖破坏,则该组饰面砖粘结强度为______。( )

A 合格　　B 不合格　　C 选点重测

8. 对某建筑工程饰面砖(外墙饰面砖)粘结强度进行检测,其中一组试样3块饰面砖的粘结强度值为0.50 MPa、0.45 MPa和0.36 MPa,破坏状态为饰面砖与粘结层界面破坏,则该组饰面砖强度为______。( )

A 合格　　B 不合格　　C 选点重测

9. 对某建筑工程饰面砖(外墙饰面砖)粘结强度进行检测,其中一组试样3块饰面砖的粘结强度值为0.50 MPa、0.45 MPa和0.36 MPa,破坏状态为粘结层与找平层界面破坏,则该组饰面砖强度为______。( )

A 合格　　B 不合格　　C 选点重测

10. 对某建筑工程饰面砖(与预制构件一次成型的外墙饰面砖)进行检测,其中一组试样3块饰面砖的粘结强度值为0.70 MPa、0.83 MPa和0.39 MPa,破坏状态为粘结层破坏,则该组饰面砖强度为______。( )

A 合格　　B 不合格　　C 选点重测

二、填空题

1. 粘结强度检测试样规格应为__________或__________。

2. 对现场镶贴的外墙饰面砖工程,每300 m^2 同类墙体取____组试样,每组____个,每一楼层不得少于____组。

3. 试样应由专业检验人员__________,但取样间距不得小于________。

4. 粘结剂硬化前的养护时间,当气温高于15 ℃时,不得小于____h;当气温在5~15 ℃时,不得小于____h;当气温低于5 ℃时,不得小于____h。

5. 安装专用穿心式千斤顶,使拉力杆通过穿心千斤顶中心并与标准块______。

6. 粘结强度检测仪应每年检定____次,发现异常时应随时________。

7. 在建筑物外墙上镶贴的同类饰面砖,其粘结强度结果应根据两项指标来判定,当一组试样只满足其中一项指标时,应在该组试样原取样区域内________________检验。

8. 对建筑物外墙上镶贴的同类饰面砖强度进行检验,在复检时若检验结果仍有一项指标达不到规定数值,则该批饰面砖粘结强度可定为________。

9. 对某建筑工程饰面砖(与预制构件一次成型的外墙饰面砖)进行检测,其中一组试样3块饰面砖的粘结强度为0.69 MPa、0.84 MPa和0.43 MPa,破坏状态为找平层与基体界面破坏,则该批饰面砖粘结强度可定为______。

10. 饰面砖粘结强度是指________________、粘结层自身、粘结层与找平层界面、找平层自身、找平层与基体界面上单位面积上所承受的粘结力。

三、计算题

某工程为现场镶贴的外墙饰面砖，取1组试样，标准块为95 mm×45 mm，试样实际的切割面积均为4 328.1 mm^2，测试的粘结力值分别为1.96 kN、2.35 kN、1.26 kN，试对该墙面的饰面砖粘结强度进行评定。

四、简答题

1. 在饰面砖粘结强度测试过程中，试样的破坏状态主要有哪几种？

2. 饰面砖粘结强度测试完毕后，应对标准块如何处理？

第十八节　混凝土和钢筋混凝土排水管

一、选择题

1. 按外压荷载分级，混凝土管（CP）可分为Ⅰ、Ⅱ两级，Ⅱ级的内水压力为______MPa。（　　）

A 0.02　　B 0.06　　C 0.04

2. 按外压荷载分级，钢筋混凝土管（RCP）可分为Ⅰ、Ⅱ、Ⅲ三级，Ⅲ级的内水压力为______MPa。（　）

A 0.06　　B 0.10　　C 0.04

3. 钢筋混凝土管外表面不允许有裂缝，内表面裂缝宽度不得超过______mm。（　　）

A 0.02　　B 0.04　　C 0.05

4. 混凝土和钢筋混凝土管在进行内水压力检验时，在规定的检验压力下允许有潮片，但潮片面积不得大于总外表面积的______。（　　）

A 10%　　B 12%　　C 5%

5. 钢筋混凝土水管裂缝荷载为按______外压试验时，产生______裂缝宽度时的外压荷载。（　　）

A 二点法，0.2 mm　　B 三点法，0.2 mm　　C 三点法，0.4 mm

6. 钢筋混凝土排水管型式检验时，______的内水压力，外压荷载检验不得复检。（　　）

A 一等品　　B 优等品　　C 优等品、一等品

7. 钢筋混凝土排水管内水压试验压力为0.06 MPa，试验时试压制度为升压至______MPa，恒压5 min；继续升压至0.06 MPa，恒压______min。（　　）

A 0.03，5　　B 0.04，10　　C 0.04，5

8. 钢筋混凝土排水管外压荷载试验试件为整根管或从管体上截取不小于______m的圆柱体。（　　）

A 1.5　　　　　　　　　　B 0.8　　　　　　　　　　C 1.0

9. 钢筋混凝土排水管外压荷载试验中，开动外压试验机油泵，使压板与上支承梁接触，按每分钟不大于______kN/m 的加速度均匀加荷。(　　)

A 6　　　　　　　　　　B 5　　　　　　　　　　C 4

10. 钢筋混凝土排水管外压荷载试验中，无裂缝时再按裂缝荷载的10%加荷至裂缝荷载恒压 3 min，若无裂缝，可继续加压至裂缝宽度达到______mm，读取破坏荷载值。(　　)

A 0.2　　　　　　　　　　B 0.4　　　　　　　　　　C 0.3

二、填空题

1. 按外压荷载分级，钢筋混凝土管(RCP)可分为Ⅰ、Ⅱ、Ⅲ三级，对应的内水压力为________、________、________。

2. 混凝土和钢筋混凝土管按质量等级分为________、________、________。

3. 钢筋混凝土管合缝处不应______。

4. 管子在进行内水压力检验时，在规定的检验压力下允许有潮片，但潮片面积不得大于总外表面积的______，且不得有水珠______。

5. 钢筋混凝土管破坏荷载为管子失去承载能力时的____________。

6. 钢筋混凝土管型式检验时，从外观尺寸合格的管子中抽取______根管子，其中____根检验内水压力，另______根检验外压荷载。

7. 钢筋混凝土排水管内水压试验压力为 0.10 MPa，试验时试压制度为升压至____，恒压 5 min；继续升压至 0.10 MPa，恒压______。

8. 钢筋混凝土排水管外压荷载试验中，逐级加荷至破坏荷载的80%，若未破坏可继续按破坏荷载的______加荷至破坏荷载，恒压______。

9. 钢筋混凝土排水管外压荷载试验中，将试件安置于外压试验机的下支承梁上，使管的轴线与______根____________平行。

10. 钢筋混凝土排水管内水压试验中，管内充满水排尽管内__________后关闭排气阀门，开始采用加压泵加压。

三、计算题

某根钢筋混凝土排水管外压荷载试验中，管体圆柱体部分实际受压长度为 1.8 m，总荷载值为64.8 kN，排水管的破坏荷载级别为40 kN/m，试计算试验荷载值，并判断该根水管破坏荷载是否合格。

四、简答题

1. 试简述钢筋混凝土排水管外压荷载试验中，从裂缝荷载至破坏荷载阶段的试验步骤。

2. 试简述钢筋混凝土排水管内水压试验中试件的安装方法。

第十九节　PVC 水管

一、选择题

1. 注塑硬聚氯乙烯(PVC - U)管件热烘箱试验时,烘箱温度设定在______℃。(　)

A 105 ±2　　　　B 150 ±2　　　　C 125 ±2

2. 硬聚氯乙烯管件坠落试验方法中,试样坠落前将试样放在______℃的试验环境中恒温保持______min。(　)

A 1 ±1,30　　　　B 0 ±1,60　　　　C 0 ±1,30

3. 硬聚氯乙烯管件坠落试验方法中,试样从离开恒温状态到完成坠落必须在______s之内进行完毕。(　)

A 10　　　　B 15　　　　C 5

4. 扁平试验时管材试件的长度为______mm 的管段。(　)

A 30.0 ±2.0　　　　B 40.0 ±1.0　　　　C 50.0 ±1.0

5. 流体输送用热塑性塑料管材耐内压试验方法中,向试样中注满接近试验温度的水,水温不能超过试验温度______℃。(　)

A 3　　　　B 5　　　　C 4

6. 热塑性塑料管材、管件维卡软化温度测定时,作用于试样上的总压力控制在______N。(　)

A 50 ±1　　　　B 40 ±1　　　　C 45 ±1

7. 热塑性塑料管材、管件维卡软化温度测定时,加热浴槽的升温速度为______℃/h。(　)

A 50 ±2　　　　B 50 ±3　　　　C 50 ±5

8. 热塑性塑料管材、管件维卡软化温度测定试样制备时,如果管材或管件壁厚大于6 mm,则采用适宜的方法加工管材或管件外表面,使壁厚减至______mm。(　)

A 3　　　　B 4　　　　C 5

9. 热塑性塑料管材、管件维卡软化温度测定结果中,若两个试样结果相差大于____℃时,应重新取不少于两个的试样进行试验。(　)

A 2　　　　B 3　　　　C 1

10. 热塑性塑料管材和管件耐冲击性能试验前,试样应在____℃和相对湿度为____%的条件下预处理。(　)

A 22 ±2,50 ±2　　　　B 23 ±2,50 ±2　　　　C 23 ±2,50 ±5

二、填空题

1. 管材扁平试验时,将试样水平放置在试验机的上、下压板之间,以________mm/min的速度压缩试样。

2. 聚氯乙烯管材拉伸性能试验时，试验机的拉伸速度为________mm/min。

3. 聚乙烯管材拉伸性能试验方法中，当壁厚小于 6 mm 时，拉伸速度为______mm/min；壁厚大于或等于 6 mm 时，拉伸速度为________mm/min。

4. 塑料管材管壁厚度测量应在________℃的环境中进行。

5. 管材纵向回缩率的测定方法中，烘箱试验前后测量标线间的距离应在________℃下进行。

6. 热塑性塑料管材、管件维卡软化温度测定前，将试样在低于预期维卡软化温度____℃的温度下预处理至少 5 min。

7. 维卡软化温度即把试样放在液体介质或加热箱中，在等速升温条件下测定标准压针在 ______力的作用下，压入从管材或管件上切取的试样内______mm 时的温度。

8. 维卡软化温度试样制备时，如果管材或管件壁厚小于____mm，则可将两个弧形管段叠加在一起，使其总厚度不小于____mm。

9. 热塑性塑料管材和管件耐冲击性能试验前，试样应在标准条件下预处理至少____h。

10. 流体输送用热塑性塑料管材耐内压试验方法中，试样在两个密封接头之间的最小自由长度 L_0 为：公称外径 $d_n \leqslant 315$ mm 时，应不小于试样外径的三倍，但最小不得小于____mm；$d_n > 315$ mm 时，$L_0 \geqslant$ ____mm。

三、计算题

某种管材试样，其进行耐内压试验时，由试验压力引起的环应力 $\sigma = 9.0$ MPa，测量得到的试样平均外径 $d_{em} = 160$ mm，测量得到的试样自由长度部分壁厚的最小值 $e_{min} = 4.9$ mm，试计算该试样耐内压试验的试验压力 P。

四、简答题

1. 热塑性塑料管材、管件维卡软化温度试验装置中，加热浴槽中的加热介质有什么要求？

2. 某个管材试样，在进行耐内压试验后，试样在距离密封接头小于 $0.1L_0$ 处出现破坏（L_0 为试样的自由长度），试验结果应该如何处理？

第二十节　化学分析（水泥、钢材、水）

一、选择题

1. 从河、湖中采取水样时，每次不得少于______个取样点。（　　）

A 4　　　　B 6　　　　C 8

2. 水样碳酸盐硬度较大时，应______取水样稀释后再测定。（　　）

A 多　　　　B 加倍　　　　C 少

3. 测定侵蚀性二氧化碳用的水样，每 500 mL 水样加______g 碳酸钙粉末。（　　）

A 2　　　　　　　　B 3　　　　　　　　C 4

4. GB/T 223.63—1988 测定锰的量,在分光光度计波长______nm 处测其吸光度。(　　)

A 700　　　　　　　　B 530　　　　　　　　C 420

5. GB/T 223.3—88 测定磷量,测定范围为______。(　　)

A 0.01% ~0.80%　　　　　　　　B 0.001% ~0.05%　　　　　　　　C 0.010% ~0.060%

6. GB/T 223.68—1997 试验分析中无论何时取用瓷舟都必须使用______并用适宜的容器盛放。(　　)

A 手　　　　　　　　B 纸　　　　　　　　C 镊子

7. 酸性铬蓝 K—萘酚绿 B 混合指示剂应保留在______瓶中。(　　)

A 广口　　　　　　　　B 塑料　　　　　　　　C 磨口

8. GB/T 176—1996 规范中,铂、银或瓷坩埚容量为______mL。(　　)

A 50 ~100　　　　　　　　B 15 ~30　　　　　　　　C 150 ~200

9. 水泥化学试验方法中,质量单位用______表示,精确至______;滴定管体积单位用______表示,精确到______。(　　)

A g,0.000 1 g ,mL,0.05 mL

B g,0.001 g,mL,0.05 mL

C g,0.0001 g ,mL,0.5 mL

10. 在化学分析中,所用的酸或氨水用______表示试剂稀释程度。(　　)

A 质量比　　　　　　　　B 体积比　　　　　　　　C 重量比

二、填空题

1. 盛水样的容器应采用____________或____________。

2. 采集水样后,盖好瓶塞,用________或________封口。

3. 用比色法测定水的 pH 值,比色法适用于________天然水的测定。

4. 等水样中,镁含量很少,钙含量较大时,加指示剂后显色不清楚,应加入少量标准________溶液再进行滴定,计算时应扣除。

5. 用称量法测定水泥中三氧化硫时,灼烧温度不应过高,否则将引起________。

6. 用管式炉内燃烧后气体容量法测定碳含量所用材料氧的纯度不低于________。

7. GB/T 223.5—1997 测硅的含量,分光光度计波长在约________处测量其吸光度。

8. 水泥化学分析每项测定的试验次数规定为________次,用____________表示测定结果。

9. 现配制的钼酸铵溶液可保存约________。

10. 水泥代用法测定三氧化二铝,其方法只适用于一氧化锰含量在________以下的试样。

三、计算题

1. 称取水泥试样 0.500 1 g,在酸性溶液中,加 10 mL 氯化钡溶液,生成沉淀硫酸盐,经过滤灼烧后，称其质量为0.016 5 g，则试样中三氧化硫含量是多少？

2. 取水样100 mL置于锥形瓶中，以铬酸钾为指示剂用0.03 mol/ L硝酸银标准溶液滴定至溶液生成砖红色沉淀为止，消耗硝酸银 $V_1 = 15.5$ mL，再用100 mL蒸馏水做空白试验，消耗硝酸银 $V_0 = 3.8$ mL，求水中氯离子含量。

四、简答题

1. 简述水泥烧失量的测定方法及步骤。

2. 简述用EDTA容量法测定水的总碱度的基本原理。

第二十一节 土工合成材料

一、选择题

1. 在进行土工合成材料试验时，全部试样应在______中截取。（ ）

A 不同样品　　B 随机样品　　C 同一样品

2. 土工合成材料在承受规定的压力下，正反两面的距离称之为其厚度，常规厚度是指在______kPa压力下测得的试样厚度。（ ）

A 1　　B 2　　C 3

3. 进行土工布单位面积质量测定时，用划样板或剪切圆刀截取面积为10 000 mm^2 的试样______块。（ ）

A 5　　B 10　　C 15

4. 用梯度法进行土工布的撕破强力试验时，在已调湿的样品中截取______试样进行试验。（ ）

A 纵向5块　　B 横向5块　　C 纵、横向各10块

5. 进行土工合成材料顶破强力试验时，试验机速度为______mm/min，行程大于100 mm。（ ）

A 40 ±5　　B 60 ±5　　C 80 ±5

6. 在进行土工合成材料的宽条拉伸试验时试样的宽度为______mm，长度为______mm。（ ）

A 200，100　　B 100，200　　C 200，200

7. 在进行土工布垂直渗透系数测定时，应从样品中剪取______个试样进行试验。（ ）

A 2　　B 5　　C 10

8. 用于每次试验的试样应从样品中长度和宽度方向均匀地截取，但距样品幅边至少______cm。（ ）

A 5　　B 10　　C 15

9. 在进行土工格栅的接头宽条拉伸试验时，试样宽度至少为200 mm，包含至少______个拉伸单元。（ ）

A 1　　　　　　　　B 3　　　　　　　　C 5

10. 土工织物拉伸试验时,因夹钳损坏试样而产生钳口断裂,其试验结果应______。(　　)

A 剔除　　　　　　　　B 参与统计　　　　　　　　C 不能确定

二、填空题

1. 土工布接头宽条拉伸试验时,试样的两个接合或缝合在一起的单元应是______________________________,且接头或接缝______受力方向。

2. 土工合成材料接头或接缝宽条拉伸试验中,试样的数量至少为______块,每块试样含有接头或接缝。

3. 土工布及其产品宽条拉伸强度是指试样被拉伸甚至断裂时______________的最大强力,以______为单位。

4. 土工布顶破强力试验时,在已调湿的样品中按要求截取直径为______mm 的圆形试样 5 块,试样上不得有影响试验结果的可见点。

5. 用梯度法测定土工布撕破强力时,在每一试样片上的梯形______的正中处剪一条垂直于短边的____mm 长的切口。

6. 进行土工布垂直渗透性能试验时,试样置于含调湿剂的水中,轻轻搅动以驱走空气,至少浸泡______h。

7. 用划样板或剪切圆刀截取面积为 10 000 mm^2 的试样进行土工织物单位面积质量测定时,若 10 000 mm^2 的试样不能代表该种土工织物全部结构时,可以使用____________________。

8. 土工布试验前需进行调湿,其温、湿度控制标准为:温度____________℃,相对湿度____________%。

9. 除了试验有关要求外,所选卷装土工织物应________,卷装呈______________,卷装的________不应取做试验样品。

10. 对机织土工布,将每块试样剪切至约________宽,然后再从试样的两边拆去数目大致相等的边线以达到____________的名义试样宽度,这有利于在试验期间保持试样的完整性。

三、计算题

1. 在土工布的纬向取出 5 个试样测定其纬向拉伸强度,其单块的最大负荷值分别为 2.33 kN、2.40 kN、2.18 kN、2.11 kN、2.56 kN,试求其单块拉伸强度、平均拉伸强度和变异系数。

2. 用标准划样板截取面积为 10 000 mm^2 的土工布 10 块,测定其质量分别为 2.55 g、2.48 g、2.47 g、2.50 g、2.51 g、2.52 g、2.50 g、2.49 g、2.51 g、2.46 g,试求其单块质量、平均质量和变异系数。

四、简答题

1. 实验室内暂不进行试验的土工合成材料样品,应如何处置?

2. 进行土工布试验时，为什么要先进行调湿？如何调湿？

第二十二节　土　工

一、选择题

1. 筛分析法适用于粒径大于______mm 的土的颗粒分析。（　）

A 1　　B 0. 5　　C 0.075

2. 在土的三相组成中，构成土的骨架的部分是______。（　）

A 固相的土颗粒　　B 液相的水或液体　　C 气相的气体

3. 采用塑性指数进行土的工程分类时，当塑性指数 $I_p=13$ 时，则此种土的名称是______。（　）

A 粉质粘土　　B 粘土　　C 粉土

4. 某种粘性土的液性指数 $I_L=0.5$，则该粘性土所处的状态为______。（　）

A 硬塑　　B 可塑　　C 流塑

5. 对以下的压实填土地基进行检测时，不能采用环刀法进行取样的是______。（　）

A 粘性填土　　B 碎石土　　C 砂砾质土

6. 在对某一土样进行含水率试验测定时得出的含水率分别为 22.5%、24.0%，问两次测定的平行差值是否满足要求。（　）

A 满足　　B 不满足　　C 不能确定

7. 轻型击实试验适用于粒径小于______mm 的粘性土。（　）

A 0.5　　B 2.0　　C 5.0

8. 相对密度试验时，对试样的最大与最小密度，均需进行两次平行测定，其平行差值不得超过______g/cm^3。（　）

A 0.01　　B 0.03　　C 0.05

9. 用灌砂法测定填土密度时，量砂应取风干的均匀粒径净砂用孔径______mm 及______mm的标准筛过筛。（　）

A 0.25，0.5　　B 0.5，1.0　　C 0.075，0.25

10. GB/T 50123—1999 规定：界限含水率试验采用液塑限联合测定法所使用的圆锥仪质量为______g，锥角为______。（　）

A 76，30°　　B 100，30°　　C 76，60°

11. 采用扰动土样制备成要求含水率的试样时，扰动试样均匀地加入所需水量后，应密封后静置______h 后才能进行试验。（　）

A 6　　B 12　　C 24

12. 通常在填土工程施工过程中的质量控制是以填土的______作为指标的。（　）

A 干密度　　B 湿密度　　C 含水率

13. 某试样测得其密度为 ρ，含水率为 ω，则其干密度 ρ_d 的计算公式为______。（　）

A $\rho_d = \frac{\rho}{1+0.01\omega}$　　B $\rho_d = \rho(1+0.01\omega)$　　C $\rho_d = \rho\omega$

14. 现场采用酒精燃烧法来测定土的含水率时，酒精的纯度应为＿＿＿。（　）

A 75%　　B 90%　　C 95%

15. 工程中用相对密度来衡量＿＿＿松紧状态的参数指标。（　）

A 粘性土　　B 无粘性土　　C 所有土

二、填空题

1. 土的含水率试验中，一般情况下试样在温度为＿＿＿＿＿＿时烘至恒重。

2. 在进行试验土样制备时，根据试验所需要土样的数量，将碾散后的土样过筛。物理性试验土样如液塑限等试样过＿＿＿mm 筛，力学性试验过＿＿＿mm 筛。

3. 液塑限联合测定时，在圆锥下沉深度与含水率关系图上，查得圆锥下沉深度为＿＿＿mm所对应的含水率为塑限。

4. 筛分析法进行颗粒分析时，筛后各级筛上和筛底上试样质量的总和与筛前试样总质量的差值，不得大于试样总质量的＿＿＿。

5. 在进行砂的最小干密度试验时应称取烘干的代表性试样＿＿＿g 进行试验。

6. 用干法制备击实土样时用四分法取代表性试样，经风干、碾散、过筛、拌匀后，测定土样的＿＿＿＿＿后，根据土的液塑限预估最优含水率，进行击实样试配。

7. 对地基回填土检测时，对每层填筑量不足 300 m^3 的工程，每层取样试验数量应不少于＿＿＿＿。

8. 砌体承重结构的压实填土地基的主要受力层范围内填土压实系数 λ_c 应＿＿＿。

9. 土的物理性质指标中，必须通过试验来测定的指标为＿＿＿、＿＿＿、＿＿＿。

10. 用环刀法现场测定填土的密度时，环刀的体积不得小于＿＿＿cm^3。

11. 采用轻型击实法进行试验时，把制备成某一含水率的土样均匀地分＿＿＿层放入击实筒内，每层击实时，击锤应自由铅直下落，每层击＿＿＿击。

12. 某土样的湿土质量 m(g)，烘干后的质量 m_d(g)，则该土样的含水率 ω = ＿＿＿。

13. 土的孔隙逐渐被水填充的过程称为饱和，当孔隙被水充满时的土称为＿＿＿土。

14. 测定易碎裂、切削困难的试样的密度时，应采用＿＿＿法。

15. 粉土为介于砂土和粘性土之间，塑性指数 $I_p \leq 10$ 且粒径大于 0.075 mm 的颗粒含量不超过全重＿＿＿的土。

三、计算题

1. 某工地用环刀法进行填土的密度检测，检验记录为：环刀体积 200 cm^3，称取湿土质量为 410.64 g，用铝盒取该土样进行含水率测定，称取铝盒＋湿土质量（80 g）（铝盒质量 17.25 g），烘干后铝盒＋土样质量（68.95 g），试求该试样的填筑密度、干密度和压实系数。（已知该填土的最大干密度为 1.73 g/cm^3）

2. 有一砂土填筑层厚度为 1.5 m，该砂土的最大和最小孔隙比分别为 0.97 和 0.45，其天然孔隙比为 0.80，土粒比重 2.68，试求该砂层的相对密度和饱和含水率。

四、简答题

1. 扰动土试样制备时，当土样按所需的加水量进行均匀喷洒后，为什么要润湿一昼夜？

2. 击实试验时，为什么要规定余土高度不超过6 mm？

第二十三节　沥青混合料

一、选择题

1. 根据沥青混合料集料公称粒径的大小将沥青混合料分为细粒式、中粒式、粗粒式和特粗粒式4种沥青混合料，其取样数量分别为______kg。（　）

A 4、8、12、16　　B 3、6、9、12　　C 3、6、10、15

2. 沥青混合料配合比设计及在实验室人工配制的沥青混合料制作试件时，试件尺寸应符合试件直径不小于集料公称最大粒径的______倍，厚度不小于公称最大粒径______倍。（　）

A 4，1～1.5　　B 5，1.5～2　　C 4，1.5～2

3. 用表干法测定沥青混合料的密度时，适用于______沥青混合料试件。（　）

A 吸水率大于2%　　B 吸水率不大于2%　　C 吸水率不大于3%

4. 对于直径为63.5 mm的标准马歇尔试件，试验仪的最大荷载不小于25 kN，读数准确度为100 N，加载速度应能满足______mm/min，钢球直径为16 mm，上下压头曲率半径为5～8 mm。（　）

A 100±10　　B 50±5　　C 80±10

5. 用表干法测定沥青混合料的密度试验过程中，已知干燥试件在空气中的质量为1 081.1 g，试件在水中的质量为944.5 g，表干质量为1 083.3 g，则该试件的吸水率为______。（　）

A 1.4%　　B 1.6%　　C 1.8%

6. 按沥青混合料的矿料级配的设计要求，适用全部或部分需要筛孔的标准筛，作施工质量检验时，至少应包括______mm和集料公称粒径等5个筛孔，按大小顺序排列成套筛。（　）

A 26.5、19.0、16.0　　B 4.75、2.35、0.075　　C 16.0、13.2、9.5

7. 沥青混合料的劈裂试验，当用于评价沥青混合料的低温抗裂性能时，试验温度及加载速率为______。（　）

A （−10±0.5）℃，1 mm/min　　B （−5±0.2）℃，1 mm/min

C （−5±0.2）℃，2 mm/min

8. 在马歇尔试验过程中，已知测定该马歇尔试件的流值为2.10 mm，该流值对应的稳定度为7.20 kN，则该试件的马歇尔模数为______kN/mm。（　）

A 2.34　　B 3.43　　C 34.3

9. 已知某一试件在做沥青混合料渗水试验过程中，当水位从 500 mL 降至 100 mL 过程中，总共需要 24 h，问该试件的渗水系数为______mL/min。(　　)

A 0.37　　　　B 0.27　　　　C 2.70

10. 沥青混合料配合比设计过程中，对于合成矿料的理论最大相对密度测定方法选择正确的是______。(　　)

A 溶剂法　　　　B 真空法　　　　C 水中重法

二、填空题

1. 沥青混合料试件的制作方法分为________、________和________3 种。

2. 用拌和厂及施工现场采集的拌和沥青混合料成品试样制成直径为 101.6 mm的试件时，当集料的公称粒径小于或等于______mm 时，可直接制样(直接法)，一组试件数量通常为______个。

3. 压实沥青混合料密度的试验方法通常有______、________、______和______4 种。

4. 标准马歇尔试件尺寸应符合直径____________、高____________的要求，对大型马歇尔试件，尺寸应符合直径____________、高____________的要求。

5. 马歇尔稳定度试验时，将试件置于已达规定温度的恒温水槽中保温，保温时间对标准马歇尔试件需要________，对大型马歇尔试件需要________。试件之间应有间隔，底下应垫起，离容器底部不小于____cm。

6. 浸水马歇尔试件试验方法和标准马歇尔试件试验方法不同之处在于试件在已达规定温度的水槽中保温时间为________h。

7. 沥青混合料理论最大相对密度(真空法)不适用于吸水率________的多孔性集料的沥青混合料。

8. 沥青混合料单轴压缩试验(圆柱体法)，适用丁直径为____________，高为____________的圆柱体试件。

9. 用离心分离法测定沥青混合料中沥青含量时，同一沥青混合料应至少平行试验两次，以平均值作为计算结果，两次试验结果的差值应小于____。当大于____且小于____时，应补充平行试验一次，以三次试验的平均值作为试验结果，三次试验的最大值与最小值之差不得大于________。

10. 级配设计的第一步是绘制最大密度线，通过级配曲线与最大密度线的相互位置，可以大致估计出__________________和__________________。

三、计算题

1. 标准马歇尔试件，已知其成型试件的油石比为 3.6%，其中该试件成型的沥青混合料试件沥青(25C/25C)密度为 1.149 g/cm^3，该试件理论最大相对密度为 2.413，毛体积相对密度为 2.180，试求该油石比下沥青混合料的试件空隙率 *VV*(%)、沥青体积百分率 *VA*(%)、矿料间隙率 *VMA*(%)和沥青饱和度 *VFA*(%)。

2. 用离心分离法测定沥青混合料中的沥青含量试验的过程中，已知容器中干燥后矿料质量为 2 906.5 g，滤纸增加了 7.5 g，抽提液总体积为 2 010 mL，每 10 mL 抽提液经过燃烧法试验后，在坩埚中干燥冷却后残渣质量为 1 g，再向坩埚中加入 5 mL 饱和碳酸铵溶液,静置1 h后,放入(105±5)℃的电热恒温干燥箱中干燥冷却后的残渣质量为0.3 g,试求沥青混合料中矿料总质量。

四、简答题

1. 简述用水中重法测定压实沥青混合料的密度试验方法与步骤。

2. 简述用燃烧法测定沥青混合料抽提液中矿粉质量的试验步骤。

第二十四节　混凝土路面砖、路缘石

一、选择题

1. 混凝土路面砖、路缘石根据外观质量、尺寸偏差及物理性能,将其分为______(　)。

A 优等品、一等品和合格品　　B 优等品、一等品和二等品

C 一等品、二等品和合格品

2. 测量矩形混凝土路面砖的长度与宽度时,分别测量路面砖正面离角部______mm处对应的平行侧面,分别测量两个长度值。(　)

A 10　　B 20　　C 30

3. 用专用卡尺测量混凝土路面砖的平整度和垂直度时,精确至______mm。(　)

A 1　　B 0.5　　C 0.2

4. 混凝土路面砖做抗压强度试验用的钢质垫压板的长度与宽度是根据混凝土路面砖的______选取的。(　)

A 公称厚度　　B 公称宽度　　C 公称长度

5. 以下备选答案中不属于混凝土路面砖抗压强度等级的是______。(　)

A C_c30　　B C_c45　　C C_c50

6. 混凝土路面砖的抗压强度或抗折强度试验是根据其边长与厚度的比值来选定的,当这个比值______时选择做抗压强度试验。

A 等于5　　B 小于5　　C 大于5

7. 以下备选答案中属于直线形混凝土路缘石抗折强度等级的是______。(　)

A $C_f5.5$　　B $C_f5.0$　　C $C_f4.5$

8. H型路缘石,规格尺寸为240 mm×300 mm×1 000 mm,抗折强度等级为$C_f4.0$,一等品。其正确的代号为______。(　)

A CVC H　240×300×1000 ($C_f4.0$)(B)

B CVC H　240×300×1000 ($C_f4.0$)(A)

C CHC V　240×300×1000 ($C_f4.0$)(B)

9. 混凝土路缘石在做抗压强度或抗折强度试验时,其试件数量为______个。(　)

A 3　　B 4　　C 5

10. 寒冷地区、严寒地区的路缘石应进行抗冻性试验,路缘石经过______次冻融循环

试验后，质量损失率应不大于______，判为合格。（　　）

A D50，3.0%　　B D100，4.0%　　C D100，3.0%

二、填空题

1. 按路面砖形状分为________路面砖（代号为N）和________路面砖（代号为S）。

2. 路面砖表面层厚度不应小于____，表面花纹图案的沟槽深度不得超过面层的厚度。

3. 混凝土路面砖抗冻试验的试件数量为____块，其中____块做抗冻试验，其余块做比对试验。

4. 混凝土路面砖的抗压强度与抗折强度试验的选择是根据____________确定的。

5. 路面砖检验批的确定：同一类别、同一规格、同一等级，每______块为一检验批。

6. 混凝土路面砖做吸水率试验时试件数量为______块。

7. 路缘石检验批的确定：同一类别、同一规格、同一等级，每______件为一检验批。

8. 路缘石在外观质量和尺寸偏差试验中试件取样数量为____块。抗压强度与抗折强度试验的取样数量为____块。

9. 路缘石的外观质量及尺寸偏差的量具精度为____。

10. 路缘石的抗折试验的加载压块，厚度大于____，直径为____，硬度大于____。

三、计算题

1. 混凝土路面砖，其规格为300 mm×300 mm×80 mm，做抗压强度试验时，选取的钢质垫压板的长度与宽度见表2-8，已知5块混凝土路面砖试件进行抗压强度试验后，破坏荷载分别为512.0 kN、513.2 kN、540.4 kN、530.6 kN、508.9 kN，试计算混凝土路面砖试件的抗压强度平均值和单块最小值并评定其抗压强度等级。

表2-8　试件尺寸　　（单位：mm）

试件公称厚度	垫压板	
	长度	宽度
≤60	120	60
80	160	80
100	200	100
≥120	240	120

2. 长度为1 000 mm、宽度为200 mm、高度为300 mm的直线形混凝土路缘石做抗折强度试验时，其最大荷载分别为382.4 kN、394.8 kN、389.6 kN，其截面模量为1 871 cm^3。试计算三个直线形混凝土路缘石的抗折强度平均值和最小值，并评定其抗折强度等级。

四、简答题

1. 简述混凝土路面砖抗压强度试验的步骤。

2. 简述混凝土路缘石抗折强度试验的步骤。

第二十五节　无机结合料检测

一、选择题

1. 以下不属于无机结合料稳定路面特点的是______。(　　)

A 稳定性好　　B 抗冻性能强　　C 耐磨性好

2. 对于稳定粒料类，以下三类材料的干缩特性最大的为______。(　　)

A 石灰稳定类　　B 水泥稳定类　　C 石灰粉煤灰稳定类

3. 钙质消石灰中规定氧化镁的含量不超过______。(　　)

A 3%　　B 4%　　C 5%

4. 对于高速公路和一级公路，水泥稳定土用作基层时其最大颗粒尺寸不应超过____mm。(　　)

A 40　　B 31.5　　C 26

5. 水泥稳定粒料中，其选用的水泥终凝时间宜为______。(　　)

A 2 h 以上　　B 4 h 以上　　C 6 h 以上

6. 进行无侧限抗压试验时，试件的高: 直径为______。(　　)

A 1:1　　B 1:1.5　　C 1:2

7. 工业废渣稳定基层使用的粉煤灰烧失量一般要小于______。(　　)

A 10%　　B 20%　　C 30%

8. 在进行无侧限抗压强度试验时，应使试件的形变等速增加，并保持速率约为______mm/min。(　　)

A 1　　B 2　　C 3

9. 在用 EDTA 滴定法测石灰稳定土中石灰剂量时，使用 100 g 混合料时，需加 10% 氯化铵溶液 ______mL。(　　)

A 400　　B 200　　C 100

10. 水泥稳定类基层当采用碎石或砾石作为材料时，其压碎值对于高速公路和一级公路应不大于______。(　　)

A 20%　　B 25%　　C 30%

二、填空题

1. 根据无机结合料稳定材料的刚度特性，其常被称为______________。

2. 无机结合料稳定材料的力学特性包括__________、__________、__________。

3. 石灰剂量是____的百分率。

4. 通常简称为二灰的是指______________。

5. 进行无侧限抗压试验时，试件应在规定的湿度下保湿养生______。

6. 水泥稳定类基层养生期满验收合格后立即浇__________。

7. 无机结合料稳定土，试件制备应该尽可能用__________制备等干密度的试件。

8. 室内抗压回弹模量试验方法主要有＿＿＿＿＿、＿＿＿＿＿。

9. 石灰稳定土中石灰剂量的测定方法有＿＿＿＿＿、＿＿＿＿＿。

10. 乙二胺四乙酸二铵简称为＿＿＿＿＿。

三、计算题

水泥稳定土无侧限抗压强度评价：某一级公路基层为水泥稳定碎石，其室内成型试件9个，直径为150 mm，到达龄期后进行无侧限抗压强度试验，破坏荷载分别为：69.5 kN、70.1 kN、66.6 kN、69.2 kN、70.4 kN、71.8 kN、65.5 kN、69.8 kN、67.9 kN，设计值不低于3.0 MPa，计算其平均抗压强度是否满足要求？

四、简答题

1. 简述无机结合料稳定土的含水量定义，其试验方法主要有哪几种？

2. 用EDTA滴定法测石灰稳定土中石灰计量所需的化学试剂如何配置？

3. 水泥稳定类混和料组成设计前，应对原材料进行哪些试验？

4. 简述水泥稳定类材料组成设计的步骤。

5. 简述路面基层材料最大干密度（标准密度）的确定试验方法及适用条件。

第二十六节　道路现场检测

一、选择题

1. 采用贝克曼梁检测弯沉时，当沥青层厚度＿＿＿，或路表温度在＿＿＿范围内，可不进行温度修正。（　）

A ≤5 cm，(20 ±2)℃　　B ≤5 cm，(20 ±1)℃

C ≥5 cm，(20 ±2)℃　　D ≥5 cm，(20 ±1)℃

2. 贝克曼梁前臂（接触地面）与后臂（装百分表）长度比为＿＿＿。（　）

A 1:1　B 2:1　C 3:1　D 4:1

3. 采用贝克曼梁法检测时，长＿＿＿m的弯沉仪可不进行支点变形修正。（　）

A 3.6　B 5.4　C 4.2　D 6.0

4. 摆式摩擦系数测定仪测定沥青路面及水泥混凝土路面的抗滑值，是用以评定路面在＿＿＿状态下的抗滑能力。（　）

A 饱和面干　B 干燥　C 潮湿　D 风干

5. 采用摆式摩擦系数测定仪测定沥青路面及水泥混凝土路面的抗滑值，在同一测点，重复5次测定的差值应不大于＿＿＿BPN。（　）

A 1　B 2　C 3　D 4

6. 摩擦系数测定车适于测定沥青路面和水泥混凝土路面的＿＿＿，测试结果可作为竣工验收或使用期评定路面抗滑能力的依据。（　）

A 横向力系数　B 纵向力系数　C 表面粗糙度系数　D 平整度

7. 水泥混凝土芯样劈裂强度试验前应在______的水中浸泡_____。( )

A (20 ±1)℃,72 h　　B (20 ±2)℃,72 h

C (20 ±1)℃,24 h　　D (20 ±2)℃,24 h

8. 进行水泥混凝土芯样劈裂强度试验,当压力加到 5 kN 时,将夹具的侧杆抽出,以______的速度连续、均匀加荷,直至试件劈裂为止。( )

A (40 ±4)N/s　B (50 ±4)N/s　C (60 ±4)N/s　D (70 ±4)N/s

9. 弯沉代表值应为弯沉测量值的______。( )

A 平均值　B 上波动界限　C 下波动界限　D 极值

10. 当水泥混凝土路面标准小梁合格判定不符合要求时,应在不合格路段每车道每千米钻取____个以上 Φ ____mm 的芯样,实测劈裂强度。( )

A 2,100　B 2,150　C 3,100　D 3,150

11. 计算弯沉平均值和标准差时,应将超出____的弯沉特异值舍弃。对舍弃的弯沉值过大的点,应找出其周围界限,进行局部处理。( )

A $\bar{L}\pm(2-3)S$　B $\bar{L}\pm(2-5)S$　C $\bar{L}\pm(3-4)S$

12. 用两台弯沉仪同时进行左右轮弯沉测定时,____两个独立测点计,____采用左右两点的平均值。( )

A 可按,也可　B 应按,不能　C 不按,应

13. 连续式平整度仪法试验牵引平整度仪的速度应均匀,速度宜为______km/h,最大不得超过____km/h。在测试路段较短时,亦可用人力拖平整度仪测定路面的平整度,但拖拉时应保持匀速前进。( )

A 5,12　B 2.5,12　C 5,11　D 4,11

二、填空题

1. 路面平整度测试方法有________、__________和__________。

2. 3 m 直尺法测路平整度有__________及__________两种。

3. 连续式平整度仪法测量路面平整度的________,以表示路面的平整度。

4. 回弹弯沉值用于表示路基路面的承载能力,回弹弯沉值越大,承载能力越______。

5. 已知手工铺砂法测定路面构造深度一处三次平行测定的摊平砂直径平均值分别为 250 mm、300 mm、300 mm,则该处路面构造深度平均值为________。

6. 水泥混凝土路面强度的控制指标是__________强度。

7. 钻芯法测定沥青混合料面层的施工压实度是指按规定方法采取的混合料试样的__________与__________之比,以百分率表示。

8. 沥青面层及水泥混凝土路面板的厚度应用钻孔法测定,检测时在圆周对称的十字方向四处量取表面至上下层界面的高度,取其________作为该层的厚度。

9. 在进行灌砂试验时,当集料的最大粒径小于 15 mm、测定层的厚度不超过 150 mm 时,宜采用________mm 的小型灌砂筒测试。当集料的粒径等于或大于 15 mm,但不大于 40 mm,测定层的厚度超过 150 mm,但不超过 200 mm 时,应用________mm 的大型灌砂筒测试。

10. 环刀法是测量现场密度的传统方法。用环刀法测得的密度是环刀内土样所在深度范围内的平均密度，它＿＿＿代表整个碾压层的平均密度。

11. 环刀法适用面较窄，对于含有粒料的稳定土及＿＿＿＿＿无法适用。

12. 通常所说的回弹弯沉值是指标准后轴双轮组轮隙中心处的＿＿＿＿＿＿。在路表测试的回弹弯沉值可以反映路基、路面的＿＿＿＿＿＿＿。

13. 弯沉车双轴、后轴双侧 4 轮的载重车，视其标准轴荷载、轮胎尺寸、轮胎间隙及轮胎气压等要求，测试车可根据需要按公路等级选择。高速公路、一级及二级公路采用后轴＿＿＿＿的＿＿＿＿标准车，其他等级公路可采用后轴＿＿＿＿的＿＿＿＿标准车。

14. 构造深度测试方法适用于测定沥青路面及水泥混凝土路面表面的构造深度，用以评定路面表面的＿＿＿＿＿＿、路面表面的排水性能及＿＿＿＿＿。

15. 沥青路面渗水试验应列表逐点报告每个检测路段各个测点的渗水系数，及 5 个测点的＿＿＿＿、＿＿＿＿、＿＿＿＿。如路面不透水，则在报告中注明为＿＿＿。

16. 采用钻芯法测定沥青面层密度，当试件的吸水率小于 2% 时，采用＿＿＿＿或＿＿＿＿测定；当吸水率大于 2% 时，用＿＿＿＿测定；对孔隙率很大的透水性混合料及开级配混合料用＿＿＿＿测定。

17. 采用 3 m 直尺法进行平整度测试时，技术指标为＿＿＿＿＿；采用连续式平整度仪法进行平整度测试时，技术指标为＿＿＿＿＿。

18. 如果路面渗水严重，则沥青混合料和路面的耐久性将＿＿＿＿。路面渗水性能成为反映＿＿＿＿＿＿＿＿的一个间接指标。

三、计算题

1. 某二级公路路基工程进行交工验收，已知压实度规定值为 93%，规定极值为 88%，测得某段干密度数值为 1.66 g/cm^3、1.68 g/cm^3、1.69 g/cm^3、1.67 g/cm^3、1.70 g/cm^3、1.71 g/cm^3、1.69 g/cm^3、1.70 g/cm^3、1.67 g/cm^3、1.68 g/cm^3，实验室得出该段土样最大干密度为 1.80 g/cm^3，请对该段压实度检测结果进行评定。（由 t 分布表，可知 $t_{0.10}(10)=1.372\ 2$、$t_{0.05}(10)=1.812\ 5$、$t_{0.01}(10)=2.763\ 8$）

2. 对某一级公路沥青路面，沥青面层厚度为 5 cm，路面温度为 22 ℃，所测的十个点的弯沉值分别为 20.2、19.8、24.0、22.8、21.6、20.8、22.2、21.2、20.6、21.8（单位 0.01 mm），求该沥青路面层弯沉代表值。

四、简答题

1. 常见的测试路基路面平整度的方法有哪几种？各有什么特点和技术指标？

2. 简述三种表征路面抗滑性能的常用方法，各方法的测试原理是什么？

3. 钻取的沥青混合料试件密度如何测定？

4. 简述灌砂法测现场压实度的要点。

5. 简述贝克曼梁法测定回弹弯沉值的要点。

6. 路面结构层厚度试验取样后，应采用何种方法、何种材料填补试坑或钻孔？

第二十七节　混凝土构件

一、选择题

1. 在简支构件结构性能检验时，构件的支承形式为______。(　　)

A 二端用角钢构成铰支承　　B 二端用圆钢构成滚动支承

C 一端用角钢构成铰支承，一端用圆钢构成滚动支承

2. 对成批生产构件的检验批确定为______。(　　)

A 按同一工艺生产的不超过 1 000 件且不超过 3 个月的同类型产品为一批

B 按同一工艺生产的不超过 2 000 件且不超过 3 个月的同类型产品为一批

C 成批生产的不超过 1 000 件，且不超过 3 个月的产品为一批

3. 构件结构性能检验第二次检验指标规定为______。(　　)

A 对承载力及抗裂检验系数的允许值取规范规定允许值减去 0.05，对挠度的允许值应取规定允许值的 1.10 倍

B 对承载力及抗裂检验系数的允许值取规范规定允许值的 0.95 倍，对挠度的允许值应取规定允许值的 1.1 倍

4. 承载力检验时，当在规定的荷载持续时间出现承载能力极限状态检验标志之一时，其承载力检验荷载实测值______。(　　)

A 取本级荷载值与前一级荷载值的平均值　B 取本级荷载值　C 取前一级荷载值

5. 承载力检验时，在规定的荷载持续时间结束后出现承载力极限状态的检验标志之一时，其承载力实测值______。(　　)

A 取本级荷载与前一级荷载的平均值　B 取前一级荷载值　C 取本级荷载值

6. 在第二次抽检的构件中，检验时挠度和抗裂指标均满足现行《规范》规定第二次检验指标的要求，该构件不再继续进行结构性能检验，这种做法______。(　　)

A 正确　　B 不正确　　C 基本正确

7. 构件应分级加载，每级加载完成后应持续______min。(　　)

A 5 ~ 10　　B 10 ~ 15　　C 15 ~ 20

8. 构件在荷载标准值作用下应持续______min。(　　)

A 20　　B 25　　C 30

9. 用荷重块加载，要求成垛堆放，且垛与垛之间的间隙不宜小于______mm，以防止因试件变形形成拱的作用。(　　)

A 50　　B 80　　C 100

10. 在检验中若未能及时观察到正截面裂缝的出现，可取______的荷载值作为构件开裂荷载实测值。(　　)

A 荷载—挠度曲线上的转折点

B 荷载—挠度曲线上的转折点或取曲线第一转弯两端点切线的交点

C 取曲线第一转弯两端点切线交点

二、填空题

1. 预应力混凝土多孔板结构性能检验的内容有________、________、________。

2. 钢筋混凝土构件和允许出现裂缝预应力混凝土构件结构性能检验的内容有______、______、__________。

3. 预制构件成批生产，检验批的规定是______________________________。

4. 预制构件的"同类型产品"是指________、______________、______________和______________。

5. 预制构件第一个试件的检验结果不能全部符合《规范》规定要求，但能符合第二次检验的要求，可再抽__________进行检验。

6. 预制构件符合第二检验要求时，当第二次抽取的________________时，该批构件的结构性能可通过验收；当第二次抽取的________________均已符合《规范》规定的要求时，该批构件的结构性能可通过验收。

7. 抽检的每一个试件，必须完整地取得_____检验结果，严禁因____________的要求就中途停止试验不再对其余项目进行检验。

8. 结构性能检验是根据两个不同的极限状态，即______________和____________进行的。

9. 在结构性能检验中，在___________下，检验构件挠度、抗裂，在___________状态下检验构件承载力。

10. 构件抗裂检验中，当在规定的荷载持续时间内出现裂缝时，应取__________作为开裂荷载的实测值；当在规定的荷载持续时间结束后出现裂缝时，应取__________作为开裂荷载的实测值。

三、计算题

1. 按下列实测数据，计算构件跨中短期挠度的实测值。短期荷载检验值($K_1=1.0$)，实测跨中位移 $v_m^0=2.48$ mm，两端支座沉陷 $v_c^0=0.84$ mm，$v_r^0=1.28$ mm；当 $K_2=1.40$ 时，在荷载持续时间内出现裂缝，实测跨中位移 $v_m^0=6.18$ mm，$v_c^0=2.84$ mm，$v_r^0=3.18$ mm。($K_1=1.0$ 时，$N_{u4}=6.22$ kN)；$K_2=1.35$ 时，$N_{u15}=16.10$ kN；$K_2=1.40$ 时，$N_{u16}=16.83$ kN，板跨内自重 $G=3.65$ kN。

2. 按下列实测数据，试计算构件抗裂检验系数的实测值。板全长 3 280 mm，板计算跨度 $L=80$ mm，板自重 $G=3.74$ kN，在第 16 级荷载($K_2=1.40$)持续时间内板底出现裂缝，此时累计加载值：$N_{u15}=16.10$ kN，$N_{u16}=16.83$ kN(不含板自重 G)，第 14 级荷载($K_2=1.30$)开始进入承载力检验。

四、问答题

1. 进行构件结构性能检验时，加载检验分级原则是什么？

2. 进行构件结构性能检验时，各级荷载持续时间是如何规定的？为什么要作出荷载持续时间的规定？

3. 成批生产的构件，对同类型产品进行抽样检验时，抽样的基本原则是什么？

4. 已知构件结构性能检验结果符合第二次检验要求，试说出第二次检验指标的具体规定。

5. 构件结构性能的检验结果，应该如何评定？

第二十八节　环境和放射性检测

一、选择题

1. 民用建筑工程根据室内环境污染的不同要求，可划分为哪几类？（　　）

A Ⅰ、Ⅱ　　B Ⅰ、Ⅱ、Ⅲ　　C 不需要分类

2. A 类装修材料的放射性比活度要求为（　　）

A $I_{Ra} \leqslant 1.0, I_r \leqslant 1.3$　　B $I_{Ra} \leqslant 1.0, I_r \leqslant 1.9$　　C $I_{Ra} \leqslant 1.3, I_r \leqslant 1.9$

3. 民用建筑工程及室内装修工程的室内环境质量验收，应在工程完工至少______d 以后、工程交付使用前进行。（　　）

A 3　　B 7　　C 10

4. 气相色谱法分析空气中的苯时，用______定性，______定量。（　　）

A 峰高，保留时间　　B 保留时间，峰高　　C 保留时间，峰面积

5. Ⅰ类民用建筑工程室内甲醛浓度指标为______mg/m^3。（　　）

A ≤0.08　　B ≤0.10　　C ≤0.12

6. 民用建筑工程验收时，应抽检有代表性的房间室内环境污染物浓度，抽检数量不得少于______，并不得少于______间。（　　）

A 5%，3　　B 5%，5　　C 3%，5

7. GB 18580—2001 中胶合板、装饰单板贴面胶合板、细木工板等游离甲醛释放量的试验方法为____。（　　）

A 穿孔萃取法　　B 干燥器法　　C 气候箱法

8. GB 6566—2001 中将建筑材料分为______和______（　　）

A 建筑主体材料，装修材料

B 墙体材料，装修材料

C 保温材料，饰面材料

9. GB 18582—2001 标准适用于____________。（　　）

A 装饰装修用水性墙面涂料

B 以有机物作为溶剂的内墙涂料

C 所有内墙涂料

10. 溶剂型木器涂料中苯含量的单位是____________。（　　）

A %　　B mg/L　　C mg/kg

二、填空题

1. 民用建筑工程室内用人造木板及饰面人造木板，必须测定__________或______

______。

2. 民用建筑工程场地氡浓度测定结果大于 20 000 Bq/m^3 且小于 30 000 Bq/m^3，或土壤表面氡析出率大于 0.05 $Bq/(m^2 \cdot s)$ 且小于 0.05 $Bq/(m^2 \cdot s)$ 时，应采取建筑物________措施。

3. Ⅰ类民用建筑工程室内装修采用的无机非金属装修材料必须为______类。

4. Ⅱ类民用建筑工程的室内装修，宜采用 E_1 类人造板及饰面人造板；当采用 E_2 类人造木板时，直接暴露于空气的部位应进行________处理。

5. 民用建筑工程室内饰面采用的天然花岗岩石材或瓷质砖使用面积大于 200 m^2 时，应对________、________分别进行放射性指标复验。

6. 民用建筑工程验收时，房间使用面积在 50～100 m^2 时，设置的检测点数为____个。

7. 土壤中氡浓度的测量可采取________、________、________、金硅面垒型探测器等方法进行测量。

8. 民用建筑工程室内环境中甲醛、苯、氨、总挥发性有机物浓度检测时，对于采用自然通风的民用建筑工程，检测应在对外门窗关闭______h 后进行。

9. 在进行室内环境污染物检测时，当房间内有 2 个及以上检测点时，应取各点检测结果的________作为该房间的检测值。

10. GB 50325—2001 中所称的室内环境污染指的是由________和________产生的室内环境污染。

三、计算题

对某种装修用花岗岩石材进行放射性检测时，天然放射性核素镭－226、钍－232、钾－40 的放射性比活度分别为 $C_{Ra}=108.43$ Bq/kg、$C_{Th}=247.02$ Bq/kg、$C_K=862.38$ Bq/kg，试根据公式计算出内照射系数 I_{Ra} 和外照射系数 I_r，并根据结果及装修材料放射性限量指标来判断此种花岗岩石材属于哪一类？

四、简答题

1.《民用建筑工程室内环境污染控制规范》适用的建筑物范围是什么，并将民用建筑工程分为几类？

2. 分别写出Ⅰ类、Ⅱ类民用建筑工程室内环境 5 种污染物浓度限量值。

第二十九节　门窗物理性能检测

一、选择题

1. 建筑外窗抗风压性能检测方法中，位移测点位置为：中间测点在测试杆件中点位置；两端测点在距该杆件端点向中点方向______mm 处。(　　)

A 15　　　　B 10　　　　C 20

2. 建筑外窗抗风压性能检测中，变形检测时先进行正压检测，后进行负压检测。检测

压力逐级升降。每级升降压力差值不超过______Pa，每级检测压力差稳定作用时间约为______s。(　　)

A 250，10　　　　B 200，10　　　　C 250，5

3. 建筑外窗抗风压性能检测方法中，反复加压检测时检测压力从零升到 P2 后降至零，反复 5 次。再由零降至 -P2 后升至零，反复 5 次。加压速度为______Pa/s，泄压时间不少于 1 s，每级压力差作用时间为______s。(　　)

A 400～500，5　　　　B 300～500，5　　　　C 300～500，3

4. 某建筑外窗 3 试件抗风压性能检测后定级值分别为 2 500 Pa、2 300 Pa、2 400 Pa，则该组试件的定级值为______Pa。(　　)

A 2 400　　　　B 2 300　　　　C 2 500

5. 建筑外窗气密性能检测方法中，开启缝长度即外窗开启扇周长的总和，以______测定值为准。如遇两扇相互搭接时，其搭接部分的两段缝长按______计算。(　　)

A 内表面，一段　　　　B 内表面，二段　　　　C 外表面，一段

6. 塑料窗抗风压性能检测时，无主要受力杆件的外开单扇平开窗只进行______检测，无受力杆件的内开单扇平开窗只进行______检测。(　　)

A 负压，正压　　　　B 正压，负压　　　　C 正压，正压

7. 建筑外窗气密性能检测方法中，预备加压加载速度约为______Pa/s。(　　)

A 150　　　　B 100　　　　C 200

8. 建筑外窗水密性能检测方法中，采用稳定加压法对整个试件均匀地淋水时，淋水量为______L/(m^2·min)。(　　)

A 3　　　　B 5　　　　C 2

9. 建筑外窗水密性能检测方法中，稳定加压法每级压力的持续时间为______min。(　　)

A 10　　　　B 5　　　　C 4

10. 建筑外窗水密性能检测方法中，采用波动加压法对整个试件均匀地淋水时，淋水量为______L/(m^2·min)。(　　)

A 3　　　　B 4　　　　C 5

二、填空题

1. 建筑外窗抗风压性能检测中，在进行正负变形检测前，分别提供三个压力脉冲，压力差 P_0 绝对值为______Pa，加载速度约为______Pa/s，压力稳定作用时间为______s，泄压时间不少于 1 s。

2. 建筑外窗抗风压性能检测方法中，在反复加压检测过程中，正负反复加压后各将试件可开关部分开关____次，最后关紧。记录试验过程中发生______和________的部位。

3. 建筑外窗物理性能宜按____________、____________、____________的顺序试验。

4. 当塑料窗为中空玻璃单扇平开窗时，抗风压性能检测时取距锁点最远的窗扇自由角的________与该自由角至锁点______之比为最大相对挠度值。

5. 建筑外窗气密性能检测后，将三樘试件的 $\pm q_1$ 值或 $\pm q_2$ 值分别平均后按缝长和按

面积确定各自所属等级。最后取两者中的________为该组试件所属等级。________测值分别定级。

6. 建筑外窗水密性能检测方法中，当试件出现水珠联成线，但未渗出试件界面，此时______(是或不是)严重渗漏。

7. 建筑外窗水密性能检测方法中，定级检测和工程所在地为非热带风暴和台风地区时，采用__________法；如工程所在地为热带风暴和台风地区时，应采用__________法。

8. 建筑外窗抗风压性能检测方法中，位移测量仪器测值误差不应大于______mm。

9. 建筑外窗抗风压性能检测方法中，当工程设计值小于或等于 $2.5P_1$ 时，才按______进行。

10. 建筑外窗抗风压性能检测方法中，当工程设计值大于 $2.5P_1$ 时，以__________取代工程检测。

三、计算题

1. 建筑外窗抗风压性能检测试验中，变形检测各测点在预备加压后的稳定初始数值分别为 $a_0=5.15$ mm、$b_0=6.49$ mm、$c_0=4.86$ mm，某级检测压力差作用过程中的稳定读数值为 $a=5.39$ mm、$b=7.25$ mm、$c=5.23$ mm，求该级检测压力差作用时杆件中间测点的面法线挠度 B。

2. 建筑外窗水密性能检测过程中，三樘窗试件严重渗漏时所受的压力差分别为200 Pa、350 Pa、150 Pa，试求该三樘窗的水密性能综合检测值。

四、简答题

1. 简述建筑外窗气密性能检测中试件附加渗透量的检测程序。

2. 简述建筑外窗物理性能检测试验准备过程中对试件安装的要求。

第三十节　幕　墙

一、选择题

1. 建筑幕墙风压变形性能检测试件宽度最少应包括______个垂直承力杆件，其中最少有一个能承受设计负荷。(　　)

A 2　　　B 3　　　C 4

2. 建筑幕墙风压变形性能检测方法中，预备加压时以______Pa 的压力加荷____min，待泄压平稳后，记录各测点的初始位移量。(　　)

A 200,5　　　B 250,10　　　C 250,5

3. 建筑幕墙风压变形性能检测方法中，变形检测时检测压力分级升降。每级升、降压力不超过______Pa，每级压力作用时间不少于______s。(　　)

A 200,10　　　B 250,10　　　C 250,5

4. 建筑幕墙风压变形性能检测方法中,反复受荷检测时,以每级检测压力为波峰,波幅为$\frac{1}{2}$压力值,进行波动检测。最高波峰值为$1.5P_1$,每级波动压力持续时间不少于 ____ s,波动次数不少于______次。(　　)

A 30,10　　　　　　B 30,5　　　　　　C 60,10

5. 建筑幕墙雨水渗漏性能检测时,以______L/(m^2·min)的水量对整个试件均匀地喷淋,直至检测完毕。(　　)

A 4　　　　　　B 2　　　　　　C 6

6. 建筑幕墙雨水渗漏性能检测方法中,在对试件淋水的同时,按规定的各级压力依次加压。每级压力的持续时间为______min。(　　)

A 5　　　　　　B 8　　　　　　C 10

7. 硅酮结构胶相容性试验中标准试验条件为温度______℃、相对湿度____%。(　　)

A 20 ±2,50 ±5　　　　　　B 23 ±2,50 ±5　　　　　　C 23 ±2,45 ±5

8. 硅酮结构胶与实际工程用基材的粘结性试验方法中,试件在蒸馏水中处理______d,从水中取出试件后将试件装入拉力试验机进行剥离试验,试验时拉力机拉伸速度为______mm/min。(　　)

A 7,100　　　　　　B 10,50　　　　　　C 7,50

9. 实际工程用基材与硅酮结构胶粘结性合格指标为粘结破坏面积的算术平均值≤______%。(　　)

A 20　　　　　　B 30　　　　　　C 10

10. 干挂石材剪切强度试验方法中,以________mm/min 的速率对试样施加荷载至试样破坏。(　　)

A 1.0　　　　　　B 0.5　　　　　　C 1.5

二、填空题

1. 建筑幕墙用结构胶和耐候胶在使用前必须与所接触部位的所有材料做__________和__________试验,并提交检测报告。

2. 建筑幕墙风压变形性能检测试件的高度最少应包括____个层高,并在垂直方向上要有两处或两处以上和承重结构相连接。

3. 建筑幕墙风压变形性能检测方法中,在试件所要求布置测点的位置上,安装好位移测量仪器。测点规定为:受力杆件的中间测点布置在杆件的____位置;两端测点布置在杆件两端点向中间方向移______mm 处。

4. 建筑幕墙风压变形性能检测方法中,如反复受荷检测未出现功能障碍或损坏,则进行___________。

5. 建筑幕墙雨水渗漏性能检测方法中,试件最少应包括_____个承受设计负荷的垂直承力构件。

6. 建筑幕墙雨水渗漏性能检测方法中,加压形式分为______和______两种,每级压力的持续时间为____min。

7. 建筑幕墙空气渗透性能检测方法中，记录各级压力差作用下通过试件的空气渗透量测定值，并以____Pa 作用下的测定值作为 q'(m^3/h)。

8. 硅酮结构胶与结构装配系统用附件的相容性试验方法中，紫外线试验箱温度应控制在 ________℃，试件在紫外灯下照射______d。

9. 天然饰面石材弯曲强度试验方法中，对试样施加载荷时加荷速度为______。

10. 天然饰面石材吸水率试验方法中，将试样放在________℃的蒸馏水中浸泡____h 后取出，用拧干的湿毛巾擦去试样表面水分，称量水饱和试样在空气中的质量。

三、计算题

建筑幕墙风压变形性能变形检测中，设某级检测压力作用过程中受力杆件变形测点的稳定读数值分别为 $a=6.55$ mm、$b=15.16$ mm、$c=7.89$ mm，在预备加压后的稳定读数值分别为 $a_0=4.19$ mm、$b_0=2.29$ mm、$c_0=6.98$ mm。试计算该级压力作用时受力杆件中间测点的面法线挠度值。

四、简答题

1. 硅酮结构胶与结构装配系统用附件的相容性试验方法中，为保证紫外辐照强度在一定范围内，紫外辐照箱紫外灯使用 8 周后应更换。为保证均匀辐照，每两周更换一次灯管位置。灯管位置如下图所示，请说出灯管的更换次序。

1#　　2#　　3#　　4#

2. 在实际工程用基材同硅酮结构胶粘结性试验方法中，试件在标准条件下养护后，浸入蒸馏水中处理前，需要对试料带进行切割，试简述切割过程和要求。

第三十一节　建筑节能

一、选择题

1. 外保温检测实验室标准环境为温度______，湿度______。(　　)

A (20±2)℃，(60±20)%　　B (20±2)℃，(90±5)%

C (25±2)℃，(90±5)%　　D (23±2)℃，(50±10)%

2. 现场取样胶粉 EPS 颗粒保温浆料干密度不应大于______kg/m^3，并且不应小于________kg/m^3。(　　)

A 260，190　　B 280，210　　C 230，170　　D 250，180

3.《外墙外保温技术规程》、《胶粉聚苯颗粒外墙外保温系统》标准号分别为(　　)。

A JGJ 144—2004，JG 158—2004　　B GB 50411—2007，JGJ 144—2004

C JGJ 132—2001，GB/T 13475—1992　　D GB/T 8484—2002，JG 158—2004

4. 依据规范《外墙外保温技术规程》的要求，外墙外保温型式检验报告有效期为______。(　　)

A 1年　　　　　B 2年　　　　　C 3年　　　　　D 4年

5. 胶粘剂与EPS板的拉伸粘结强度在干燥状态和浸水时分别为(　　)。

A 0.1 MPa、0.1 MPa　　　　　B 0.4 MPa、0.1 MPa

C 0.3 MPa、0.1 MPa　　　　　D 0.4 MPa、0.4 MPa

6. 胶粉聚苯颗粒外墙外保温系统中,玻纤网通常应置于______中。(　　)

A 基层　　B 界面砂浆　　C 胶粉EPS保温颗粒　　D 抗裂砂浆

7. 依据规范《外墙外保温工程技术规程》中现场检测保温系统抗冲击性能的要求,当采用摆动冲击时,摆长至少为______,3 J冲击能量时,摆长为______,10 J冲击能量时,摆长为______。(　　)

A 1.80 m,1.02 m,1.50 m　　　　　B 1.80 m,0.61 m,1.02 m

C 1.80 m,0.61 m,1.50 m　　　　　D 1.50 m,0.61 m,1.02 m

8. 胶粉聚苯颗粒外墙外保温系统中,单个塑料锚栓抗拉承载力标准值不小于______kN。(　　)

A 0.5　　　　B 0.6　　　　C 0.7　　　　D 0.8

9. 膨胀聚苯板薄抹灰外墙外保温系统中,若采用加强型玻纤网形式,其抗冲击强度为______。(　　)

A 3 J　　　　B 5 J　　　　C 10 J　　　　D 20 J

10. 依据规范《建筑节能工程施工质量验收规范》,建筑外窗检验批的规定为:同一厂家的同一品种、类型、规格的门窗每______樘为一个检验批。(　　)

A 50　　　　B 80　　　　C 100　　　　D 200

二、填空题

1. 外墙外保温系统是由________、________和固定材料(胶粘剂、锚固件等)构成并且适用于安装在外墙外表面的非承重保温构造的总称。

2. EPS板现浇混凝土外墙外保温系统现场粘结强度不得小于______,并且破坏部位应位于____________。

3. 胶粉EPS颗粒保温浆料保温层厚度不宜超过______。

4. 依据《建筑节能工程验收规范》(GB 50411—2007)的要求,当单位工程建筑面积在20 000 m^2 以上时,墙体节能工程采用的保温材料送检应不少于____次。

5. 依据《建筑节能工程验收规范》(GB 50411—2007)的要求,建筑外窗每个检验批应抽查______,并不少于________。

6. 严寒、寒冷、夏热冬冷地区的建筑外窗,应对其________进行现场实体检验。

7. 门窗传热系数检测时,热箱的空气温度设定范围为______,温度波动幅度不应大于______。

8. 外窗保温性能按外窗传热系数 K 值共分为______级,其中保温性能最差的为______级。

9. 在正常使用和正常维护的条件下,外墙外保温工程的使用年限不应少于______。

10. 中空玻璃露点的测定过程是向露点仪的容器加入干冰,使其温度冷却到______,

使露点仪与样品紧密接触，停留______，移开露点仪，立刻观察玻璃试样的内表面上有无结露或结霜。

三、计算题

1. 检验胶粉聚苯颗粒外墙外保温系统的干密度指标时，在现场共取得三个试样，依据规范经过加工后的尺寸分别为 95.2 mm × 96.3 mm × 15.2 mm、93.1 mm × 99.5 mm × 13.9 mm、95.6 mm × 92.7 mm × 16.0 mm，在 60 ℃情况下烘至恒重后，其质量分别为 32.98 g、31.68 g、34.67 g，试计算该批样品的平均干密度。

2. 检验膨胀聚苯板薄抹灰外墙外保温系统的粘结强度指标时，在现场共试验了 5 个试样，试样尺寸均为 100 mm × 100 mm，其破坏荷载分别为 1 216 N、1 368 N、1 202 N、1 570 N、1 058 N，试计算其平均粘结强度。

四、简答题

1. 夏热冬冷地区，外窗及墙体保温材料进场时，应组织对哪些性能进行复检？
2. 若建筑采用外保温的保温形式，有哪些优点？
3. 简述防护热箱法与标定热箱法检测传热系数的区别。
4. 目前，外墙外保温常采用哪些保温系统？

第三十二节　电气检测

一、选择题

1. 对 1 kV 以上、6 kV 以下的电缆应选择______兆欧表进行绝缘电阻测量。（　　）

A 500 V　　B 1 000 V　　C 2 500 V　　D 5 000 V

2. 开关设备的线圈直流电阻检测时，为保证测量数值稳定，对现场提供仪器的 AC200V 电压，下列说法哪个正确______。（　　）

A 应该是一相一零，而不是一相一地

B 应该是一相一地，而不是一相一零　　C 二者都可以

3. 对 500 kV 的氧化锌避雷器应选择______兆欧表进行绝缘电阻测量。（　　）

A 1 000 V　　B 2 500 V　　C 5 000 V

4. 对 FS 型避雷器，进行工频放电检测时，升压速度不宜过快，对 10 kV 及以下的避雷器按 ______kV/s 控制，对 25 ~ 30 kV 的避雷器按 15 ~ 20 kV/s 控制。（　　）

A 6 ~ 8　　B 5 ~ 10　　C 3 ~ 5

5. 橡塑电缆外护套、内衬层的测量用______兆欧表。（　　）

A 300 V　　B 500 V　　C 1 000 V

6. 接地（PE）或接零（PEN）支线必须单独与接地（PE）或接零（PEN）干线相连接，不得______。（　　）

A 串联连接　　B 并联连接　　C 单独连接

7. 照明配电箱(盘)内开关动作应灵活可靠,带有漏电保护的回路,漏电保护装置动作电流不大于______,动作时间不大于______。(　　)

A 50 mA,1 s　　　B 30 mA,0.5 s　　　C 30 mA,0.1 s

8. 配电柜(盘、屏、台、箱)间二次回路交流工频耐压试验,当绝缘电阻值大于10 MΩ时,用________兆欧表摇测1 min,应无闪络击穿现象;当绝缘电阻值在1~10 MΩ时,用______兆欧表做交流工频耐压试验,时间1 min,应无闪络击穿现象。(　　)

A 5 000 V,2 000 V　B 2 500 V,1 000 V　C 1 000 V,1 000 V

9. 金属电缆桥架及其支架和引入或引出的金属电缆导管必须接地(PE)或接零(PEN)可靠,且金属电缆桥架及其支架全长应不少于______与接地(PE)或接零(PEN)干线相连。(　　)

A 1处　　　B 4处　　　C 2处

10. 变压器室、高低压开关室内的接地干线应有不少于______与接地装置引出干线连接。(　　)

A 2处　　　B 3处　　　C 4处

二、填空题

1. 电力电缆的主要检测项目有____________、____________及____________。

2. 避雷器的主要检测项目有____________、____________、____________和放电计数器。

3. 根据《电力设备预防性试验规程》(DL/T 596—1996)和《电气装置安装工程电气设备交接试验标准》(GB 50150—91),避雷设施的接地电阻应一般应小于______,低压开关柜的绝缘电阻一般应不低于________。

4. 电力电缆绝缘电阻主要是测量各电缆芯线____________屏蔽层间和各芯线间的____________。

5. 小型接地装置的接地电阻检测通常采用________________,对大面积的接地网,一般采用________________测量。

6. 电力电缆直流耐压和直流泄漏试验的泄露电流值和不平衡系数(最大值和最小值之比)只作为____________的参考,不作为____________的依据。

7. 一般情况下,灯具的绝缘电阻值不小于______,内部接线为铜芯绝缘电线,芯线截面面积不小于______,橡胶或聚氯乙烯(PVC)绝缘电线的绝缘层厚度不小于________。建筑物景观照明灯具的导电部分对地绝缘电阻值应大于________。

8. 额定电压____________________的应为低压电器设备、器具和材料;额定电压大于____________________的应为高压电器设备、器具和材料。

9. 电线、电缆现场抽样检测圆形线芯直径的误差应不大于标称直径的__________。

10. 开关、插座现场抽样检测绝缘电阻值应不小于________。

三、计算题

某建筑的变压器的直流电阻线间检测结果如表2-9所示,问:变压器Ⅰ和变压器Ⅱ的线圈直流电阻是否符合要求？

表 2-9　某建筑的变压器的直流电阻线间检测结果

编号	线圈直流电阻(Ω)					
	高压线圈			低压线圈		
	AB	BC	CA	ab	bc	ca
变压器Ⅰ	1.550	1.533	1.555	0.002 240	0.001 950	0.002 675
变压器Ⅱ	1.145	1.145	1.135	0.001 486	0.001 486	0.001 621
说明	1. 变压器铭牌：变压器Ⅰ：哈尔滨磁力电机厂 750kVA10184 - 1959.11；变压器Ⅱ：济南变压器厂 1000kVA - 1972.3。 2. 检测依据：《电力变压器》(GB 1094.1 ~ 5 - 85)、《电力设备预防性试验规程》(DL/T 596 - 1996)和《电气装置安装工程电气设备交接试验标准》(GB 50150 - 91)。					

四、简答题

1. 避雷器接地装置的接地电阻检测的注意事项有哪些？

2. 电力电缆直流耐压和直流泄漏试验的注意事项有哪些？

第三十三节　高强度螺栓检测

一、选择题

1. 制造厂和安装单位应以钢结构制造批为单位进行高强度螺栓连接副的抗滑移系数试验。制造批可按照分部工程(子分部工程)划分规定的工程量每______为一批，不足______的可视为一批。选用两种及两种以上表面处理工艺时，每种处理工艺应单独检验。每批______试件。(　　)

A 1 000 t,1 000 t,2 组　　B 1 500 t,1 500 t,3 组　　C 2 000 t,2 000 t,3 组

2. 高强度螺栓连接副扭矩检验含初拧、复拧、终拧扭矩的现场无损检验，检验所用的扭矩扳手其扭矩精度误差应不大于______。(　　)

A 3%　　B 2%　　C 1%

3. 高强度螺栓连接副抗滑移系数试验加荷时，应先加______的抗滑移设计荷载值，停 1 min 后，再平稳加荷，加荷速度为______，直到拉至滑动破坏。(　　)

A 5%,2 ~ 3 kN/s　　B 10%,3 ~ 5 kN/s　　C 20%,3 ~ 5 kN/s

4. 螺栓的公称直径通常是指螺栓的______。(　　)

A 螺纹外径　　B 螺纹内径　　C 螺纹中径

5. 螺栓的螺纹应力截面积 A_s ______螺纹外径。(　　)

A 大于　　B 等于　　C 小于

6. 根据规范 GB 50205—2001，螺栓实物的抗拉强度应根据______计算确定。(　　)

A 螺纹外径　　B 螺纹内径　　C 螺纹应力截面积 A_s

7. 螺栓实物最小荷载试验时，承受拉力荷载的未旋合的螺纹长度应为______以上螺距。(   )

A 4倍　　　　　　　　B 6倍　　　　　　　　C 3倍

8. 高强度螺栓连接副扭矩系数试验所用的连接副只应做______试验，____重复使用。在紧固中垫圈发生转动时，应更换连接副，重新试验。(   )

A 两次，不得　　　　　　B 一次，不得　　　　　　C 一次，可以

9. 转角法检验高强度螺栓连接副施工扭矩时，在螺尾端头和螺母相对位置画线，然后全部卸松螺母，再按规定的初拧扭矩和终拧角度重新拧紧螺栓，观察与原画线是否重合。终拧转角偏差在______以内为合格。(   )

A 30°　　　　　　　　B 20°　　　　　　　　C 10°

10. 高强度螺栓连接摩擦面的抗滑移系数检验用的贴有电阻片的高强度螺栓、压力传感器和电阻应变仪应在试验前用试验机进行标定，其误差应在______以内。(   )

A 2%　　　　　　　　B 3%　　　　　　　　C 1%

二、填空题

1. 高强度螺栓连接副终拧后，螺栓丝扣外露应为________，其中允许有 ____的螺栓丝扣外露__________。

2. 每一高强度螺栓连接副包括________、________、________，并应分属同批制造。

3. 高强度大六角头螺栓连接副终拧完成____________应进行终拧扭矩检查，检查数量为:按节点数抽查_______________；每个被查节点按螺栓数抽查_______________。

4. 在进行高强度螺栓实物最小荷载检验时，当超过最小拉力荷载直至拉断时，断裂应发生在________部分，而不应发生在________的交接处。

5. 高强度螺栓连接副扭矩系数复验用的计量器具应在试验前进行标定，误差不得超过________。

6. 高强度螺栓连接副扭矩检验分为_______________两种方法，原则上检验法与施工法应______。

7. 根据规范 GB 50205—2001，高强度螺栓扭矩系数复验所取每组 8 套连接副的扭矩系数平均值应为________，标准偏差______。

8. 高强度螺栓连接副扭矩检验的扭矩法检验方法为:在螺母端头和螺母相对位置画线，将螺母___________，用扭矩扳手测定拧回至原来位置时的扭矩值，该扭矩值与施工扭矩值的偏差_______________。

9. 钢结构制作和安装单位应按规范 GB 50205—2001 附录 B 的规定分别进行高强度螺栓连接____________________试验和复验，现场处理的构件摩擦面应单独进行__________________试验。

10. 螺栓球节点网架总拼完成后，高强度螺栓与球节点应紧固连接，高强度螺栓拧入螺栓球内的螺纹长度不应小于____________，连接处不应出现间隙、松动等未拧紧情况。

三、计算题

1. 某高强度螺栓试验记录数据见表 2-10。

表 2-10　某高强度螺栓试验数据

工程名称:安徽大群包装有限公司车间厂房　　样品名称:高强螺栓及其连接副

送检单位: 安徽省联友钢铁钢结构有限公司　　样品规格:M22 型 10.9S 大六角头

使用部位:梁、柱　　样品生产地:河北邯郸

仪器名称:LZC－500 型高强螺栓检测仪　　仪器编号:JJ1009

检验依据:《钢结构工程施工质量验收规范》(GB 50205—2001)

送检日期:2004 年 10 月 8 日　　检验日期:2004 年 10 月 15 日

扭矩系数试验

试件编号	终拧轴力(kN)	终拧扭矩(N·m)	扭矩系数
1	135	383	
2	142	378	
3	150	419	
4	146	402	
5	148	430	
6	141	394	
7	148	423	
8	149	410	

连接副抗滑移系数试验

编号	轴力平均值(kN)	滑移荷载(kN)	抗滑移系数	设计要求
1	210	426		抗滑移系数设计规定值为≥0.45
2	210	420		
3	210	405		

问:(1)该螺栓的扭矩系数平均值是多少?是否符合规范 GB 50205—2001 的规定?

(2)该螺栓的连接副抗滑移系数平均值是多少?是否符合设计要求?

四、简答题

1. 对螺栓这样的不具备取样做力学性能试验的紧固连接件,简述一种材料牌号推定方法。

2. 高强度螺栓连接摩擦面的抗滑移系数检验中,对试件有何要求?

第三十四节　预应力锚具

一、选择题

1. 预应力筋—锚具组装件的静载锚固性能试验结果,应同时满足锚具效率系数等于

或大于______和预应力筋总应变等于或大于的______要求。(　　)

A 0.95,2.0%　　　　B 0.90,2.0%　　　　C 0.95,1.5%

2. 当预应力筋—锚具组装件达到实测极限拉力时,应由______的断裂来终结试验。(　　)

A 锚具　　　　B 预应力筋　　　　C 连接器

3. 预应力筋—锚具组装件应满足循环次数为______次的周期荷载试验。(　　)

A 30　　　　B 40　　　　C 50

4. 在疲劳荷载性能检测时,预应力筋在锚具夹持区域发生疲劳破坏的截面积不应大于试件总截面积的______。(　　)

A 5%　　　　B 3%　　　　C 2%

5. 在周期荷载性能检验时,试验应力上限取预应力钢材抗拉强度标准值的____,下限取预应力钢材抗拉强度标准值的______。(　　)

A 90%,40%　　　　B 95%,40%　　　　C 85%,35%

6. 夹具的静载锚固性能,其效率系数应大于等于______。(　　)

A 0.90　　　　B 0.92　　　　C 0.95

7. 单根钢绞线的组装件试件不包括夹持部位的受力长度不应小于______。(　　)

A 0.6　　　　B 0.7　　　　C 0.8

8. 预应力筋用锚具、夹具和连接器按锚固方式不同,可分为______。(　　)

A 夹片式、支撑式、锥塞式

B 夹片式、支撑式、锥塞式、握裹式

C 夹片式、锥塞式、握裹式

9. 预应力筋品种分为______。(　　)

A 钢绞线、钢绞线束、高强钢丝束、精轧螺纹钢筋

B 钢绞线、高强钢丝束、螺纹钢筋

C 钢绞线、钢绞线束、精轧螺纹钢筋

10. 锚具进场验收时,除了核对产品质量证明书要求外,应进行如下检验。(　　)

A 外观检查、硬度检验、静载锚固性能试验

B 外观检查、硬度检验、静载锚固性能试验、疲劳性能检验

C 外观检查、静载锚固性能试验、疲劳性能检验

二、填空题

1. 在周期荷载性能检验时,试件经 50 次循环荷载后预应力筋在锚具夹持区域不应发生______。

2. 在先张法或后张法施工中,永久留在混凝土结构中的连接器,必须符合________的性能要求。

3. 在先张法或后张法施工中,在张拉后须放张和拆卸的连接器,必须符合______的性能要求。

4. 在预应力筋—锚具、夹具或连接器的零件组装时,锚固零件必须___________。

5. 锚具应满足______张拉和补张拉预应力筋的要求。

6. 预应力筋—锚具组装件的静载锚固性能试验用的测力系统，其不确定度不得大于______。

7. 钢绞线挤压锚具，其挤压后的钢绞线外端应露出挤压头______。

8. 预应力筋张拉时，预应力筋两端的正面严禁______。

9. 锚固区预应力筋端头的混凝土保护层厚度不应小于______。

10. 在无粘接预应力筋的端部塑料护套断口处，应用塑料胶带严密包缠，防止______进入护套。

三、计算题(略)

四、问答题

1. 简述预应力筋—锚具静载试验加载的主要步骤。

2. 预应力筋用锚具、夹具和连接器在储存和使用过程中应注意哪些事项?

第三十五节　焊缝超声波探伤

一、选择题

1. 焊缝超声波探伤时，对位于Ⅰ区内的所有反射回波______。(　　)

A Ⅰ区所有反射回波不重要，可不予理睬

B 应全部予以重视

C 应首先判定该反射回波是否是缺陷波，如果是裂纹、连续性缺陷或其他危险性较大的平面型缺陷时，应予以重视并提出

2. 超声波斜探头的 K 值和前沿在整个检测过程中是______。(　　)

A 固定不变的　　B 因存在磨损而发生变化的　　C 不可知的

3. 目前，我国现行超声波无损检测人员资质等级中规定：______超声波探伤人员的资质等级是高级。(　　)

A Ⅰ级　　B Ⅱ级　　C Ⅲ级

4. 超声波斜探头内压电晶片产生的波是______。(　　)

A 纵波　　B 横波　　C 表面波

5. 焊缝超声波探伤灵敏度应不低于______。(　　)

A 评定线灵敏度　　B 定量线灵敏度　　C 判废线灵敏度

6. 根据规范 GB 50205—2001，一级焊缝的超声波探伤比例按______选取。

A 80%　　B 100%　　C 90%

7. 根据规范 GB 50205—2001，二级焊缝超声波探伤的检验评定等级应达到______。(　　)

A BⅡ　　B AⅢ　　C BⅢ

8. 距离－波幅(DAC)曲线是以______标准发射体(横通孔)绘制的基准线。(　　)

A Φ2　　B Φ2.5　　C Φ3

9. 根据标准 GB/T 11345—89,焊缝超声波探伤 B 级检验原则上采用一种角度探头在焊缝的______进行检验,对整个焊缝截面进行探测。(　　)

A 单面双侧　　B 双面双侧　　C 双面单侧

10. 最大反射波幅不超过评定线的缺陷,均评为______。(　　)

A Ⅱ级　　B Ⅰ级　　C Ⅳ级

二、填空题

1. 目前工程领域针对金属材料的无损检测方法有________、________、________、渗透法和电涡流法。

2. 超声波探伤仪的水平线性和垂直线性,在设备首次使用后每隔______应检查一次。

3. 根据标准 GB 11345—89,按照质量要求检验等级分为______三级,检验的完善程度____级最高,____级最低。

4. 焊缝超声波探伤时,移动探头的扫查速度不应大于______,相邻两次探头移动间隔保证至少有探头宽度______的重叠。

5. 焊缝超声波探伤每次检测前应在对比试块上对时基线扫描比例和 DAC 曲线(灵敏度)进行调节或校验,校验点应不少于______。

6. 焊缝超声波探伤检测过程中,每______之内或______工作结束后应对时基线扫描和灵敏度进行校验,检验可在对比试块或其他等效试块上进行。

7. 最大反射波幅位于Ⅱ区的缺陷,其指示长度小于 10 mm 时按______计,相邻两缺陷各向间距小于 8 mm 时,应将________________作为单个缺陷的指示长度。

8. 根据规范 GB 50205—2001,设计要求全焊透的一、二级焊缝应采用____________进行内部缺陷检验,超声波探伤不能对缺陷作出判断时,应采用____________。

9. 根据规范 GB 50205—2001,焊缝超声波探伤比例的计数方法应按以下原则确定:①对于工厂制作焊缝,应按每条焊缝计算百分比,且探伤长度应不小于______,当焊缝长度不足______时,应对整条焊缝进行探伤;②对现场安装焊缝,应按同一类型、同一施焊条件的焊缝条数计算百分比,探伤长度应不小于______,并应不小于 1 条焊缝。

10. 在规范 GB 50205—2001 中,钢结构分部(子分部)工程有关安全及功能的检验和见证检测项目对焊缝超声波探伤的抽检数量和抽样方法规定如下:一、二级焊缝按焊缝处数____________,且应不少于______。

三、计算题

1. 用 2.5 MHz、$K=1$、晶片有效面积为 $A_e=100\ mm^2$ 的斜探头探测厚度为 120 mm 的某钢制构件对接焊缝,要求以 Φ2－14dB 的灵敏度进行探伤。现在用试块上面深度为 50 mm 的 Φ3 横孔调节灵敏度,应该怎样调节?(斜探头本体声程 $S_0=10$ mm)

2. 钢板厚度 $T=25$ mm 的对接焊缝,按照 GB 11345—89 采用 $K=2.5$、前沿 $l=11$ mm 的 2.5 MHz 斜探头进行一次反射法超声波探测。①问探头移动区最少应为多少毫米?

②若上下焊缝半宽 a、b 值分别为 15 mm、10 mm，问所选择探头的 K 值和前沿是否合适？

四、简答题

1. 在标准 GB 11345—89 中，B 级检验精度焊缝超声波探伤如何按照缺陷的指示长度对缺陷进行级别评定？

2. 根据标准 GB 11345—89，如何对平板对接焊缝(手工电弧焊)进行 B 级超声波探测扫查？

第三十六节　砌体工程现场检测

一、选择题

1. 原位轴压法每一测区应随机布置不少于______个测点；原位单砖双剪法每一测区应布置不少于____个测点。(　　)。

A 1,5　　B 2,5　　C 3,6

2. 用于测试砂浆抗压强度的回弹仪在钢砧上率定平均回弹值为______。(　　)

A 80 ±2　　B 75 ±2　　C 74 ±2

3. 原位单砖双剪法测试的是砌体的______强度。(　　)

A 沿齿缝面抗剪　　B 抗压　　C 沿通缝截面抗剪

4. 在筒压法试验中，将装料的承压筒置于试验机上。对于水泥石灰砂浆，筒压荷载值应取 ______kN。(　　)

A 20　　B 10　　C 5

5. 原位单剪法适用于推定砌体的______强度。(　　)

A 沿齿缝面抗剪　　B 抗压　　C 沿通缝截面抗剪

6. 原位单剪法在检测前，应标定______及数字荷载表，其示值相对误差不应大于 3%。(　　)

A 千斤顶　　B 荷载传感器　　C 试验机

7. 原位单砖双剪法推定混凝土抗剪强度时，对于受剪面上部的压应力，可以考虑______。(　　)

A 释放或准确计算　　B 只能通过准确计算　　C 只能通过现场释放

8. 砌体工程的现场检测方法中，现行规范中按测试内容可分为砌体抗压强度、弹性模量、抗剪强度、砌筑砂浆强度和______。(　　)

A 抗折强度　　B 工作应力　　C 砌体平整度

9. 原位轴压法是一种在现场测试普通砖砌体______的检测方法。(　　)

A 弹性模量　　B 工作应力　　C 抗压强度

10. 在进行砌体工程的现场检测时，对于______和宽度小于 2.5 m 的墙体，不宜选用有局部破损的检测方法。(　　)

A 窗间墙　　B 砖柱　　C 窗台墙

二、填空题

1. 原位轴压法适用于推定____________砌体的________强度。

2. 原位轴压法检测时，在测点上、下开凿的水平槽之间应相距____皮砖。

3. 原位轴压法的测试部位宜选在墙体中部距楼、地面____m 左右的高度处；槽间砌体每侧的墙体宽度不应小于____m。

4. 对于砌体强度检测，当检测对象为整栋建筑物或建筑物的一部分时，应将其划分为一个或若干个可以独立进行分析的______单元，每一______单元划分为若干个检测单元。每个检测单元内，应随机选择____个构件（单片墙体、柱），作为____个测区。当一个检测单元不足____个构件时，应将____________作为一个测区。

5. 在原位轴压法测试砌体强度正式开始之前，应进行试加荷载试验，试加荷载值可取预估破坏荷载的____。

6. 原位单剪法测试砌体抗剪强度时，需要在选定的墙体上，采用振动较小的工具加工切口，________________传力件。

7. 原位单砖双剪法是以一块完整的____砖及其上下两条______灰缝作为一个测点（试件）。

8. 在现行砌体工程的现场检测技术标准中，对于原位轴压法水平槽的开槽有____种方式。

9. 原位轴压法的测试部位应具有代表性，并保证槽间砌体每侧的墙体宽度不应小于______。

10. 对于砌体强度的检测，在每个检测单元内，应随机选择____个构件（单片墙体柱），作为____个测区。

三、计算题

1. 某综合楼系六层砖混结构，建筑面积约 6 000 m^2。一层砌体由 MU15 烧结普通砖、M7.5 砂浆砌筑，二层及以上墙体由 MU10 普通混凝土砖、M5 砂浆砌筑。目前工程形象进度为完成三层主体。由于工程一层以上所用普通粘土砖为新型建筑材料，为了解所砌砌体的抗压强度，现拟采用原位轴压法对砌体抗压强度进行检测。现场选定 3 处墙体，在墙体中部距楼（地）面 1 m 左右高度处，开凿上、下水平槽，两槽之间相距 7 皮砖。在槽间安放原位压力机，检查测试系统的灵活性和可靠性之后，正式分级加荷，待加荷至预估破坏荷载的 80% 后，按原定加荷速度连续加荷，直至槽间砌体破坏。记录槽间砌体的破坏荷载值，结果见表 2-11。试对该砌体强度进行分析。

四、简答题

1. 试述回弹法检测是如何计算砂浆强度换算值的。

2. 试述原位轴压法测试结果与哪些因素有直接关系。

表 2-11　砌体抗压强度汇总表

检测部位	槽间砌体的受压破坏荷载(N)	槽间砌体的受压面积(mm^2)	砖、砂浆设计强度等级	抗压强度等级(MPa)
一层 11/A－C	239 000	57 600	MU15 烧结普通砖、M7.5 砂浆	2.07
二层 11/A－C	334 000	57 600	MU10 普通混凝土砖、M5 砂浆	1.50,2.22
二层 12/A－C	379 000	57 600	U10 普通混凝土砖、M5 砂浆	1.50,2.22
备注	1. 一层墙体测点上部墙体的压力为 1.45 MPa,二层墙体测点上部墙体的压力为 1.20 MPa 2. 参照 GB 50003—2001,MU10 烧结普通砖和 M5 砂浆砌体的抗压强度设计值为 1.50 MPa, MU10 轻集料混凝土砌块和 M5 砂浆砌体的抗压强度设计值为 2.22 MPa			

第三十七节　混凝土中钢筋检测

一、选择题

1. 钢筋探测仪检测混凝土保护层厚度允许误差应为______mm。(　　)

A ±1　　B ±2　　C ±3

2. 钢筋探测仪检测混凝土中钢筋间距允许误差应为______mm。(　　)

A ±1　　B ±2　　C ±3

3. 钢筋间距测试结果受相邻钢筋影响时应选取____的已测钢筋且不应少于____。(　　)

A 不少于 30%,3 处　　B 不少于 30%,6 处　　C 不少于 20%,6 处

4. 雷达仪探头(天线)应______选定的被测钢筋轴线方向扫描,应根据钢筋的____来确定钢筋间距值。(　　)

A 垂直于,反射波位置　　B 平行于,反射波位置　　C 垂直于,入射波位置

5. 在同一构件检测钢筋间距时,应检测不少于______钢筋间隔。(　　)

A 7 个　　B 6 个　　C 5 个

6. 当检测环境温度在______之外时,应对测点的电位值进行温度修正。(　　)

A (22±1)℃　　B (22±3)℃　　C (22±5)℃

7. 在室温(22±1)℃时,铜－硫酸铜电极与甘汞电极之间的电位差应为______。(　　)

A (68±10)mV　　B (65±10)mV　　C (63±10)mV

8. 检测钢筋直径时,每根钢筋重复检测____,第 2 次检测时探头应旋转____,每次读数必须一致。(　　)

A 3 次,180°　　　　B 2 次,180°　　　　C 2 次,90°

9. 检测钢筋公称直径应结合钻孔、剔凿的方法进行,钻孔、剔凿的数量不应少于____的该规格已测钢筋且不应少于______。(　　)

A 20%,3 处　　　　B 30%,2 处　　　　C 30%,3 处

10. 采用半电池电位评价钢筋锈蚀性状,当电位水平为 -200 ~ -350 mV 时,应判定钢筋锈蚀性状为____。(　　)

A 不发生锈蚀的概率大于 90%　　　　B 锈蚀性状不确定

C 发生锈蚀的概率大于 90%

二、填空题

1. 电磁感应法______于含有铁磁性物质的混凝土检测。

2. 探测钢筋间距的检测面应清洁、平整,并应避开____________。

3. 探测钢筋直径时,要求被测钢筋与相邻钢筋的间距应大于______,且其周边的其他钢筋不应影响检测结果,并应避开钢筋____________。

4. 钢筋锈蚀检测仪应由铜 - 硫酸铜半电池、______和______构成。

5. 半电池的电连接垫应预先______,多孔塞和混凝土构件表面应形成________。

6. 钢筋锈蚀检测使用后,应及时清洗________、________和________,并应密闭盖好。

7. 对钢筋探测仪进行调零时应远离____________。

8. 对混凝土保护层的检测应首先设定钢筋探测仪______范围和钢筋公称______。

9. 半电池电位测区应采用________布置测点,依据被测构件的尺寸宜用________________网格划分,网格的节点应为电位测点。

10. 半电池检测系统稳定性应符合在同一测点,相同半电池重复 2 次测得该点的电位差值应 ______。

三、计算题(略)

四、问答题

1. 电磁感应法和雷达法检测钢筋位置有何区别?

2. 在钢筋锈蚀检测仪半电池测试系统中,导线应如何连接?

第三十八节　基桩静载荷试验

一、选择题

1. 确定单桩竖向抗压极限承载力统计值时,当参加统计的试桩结果满足其极差不超过平均值的 30% 时,取______为单桩竖向抗压极限承载力。(　　)

A 最小值　　　　　　　　B 平均值　　　　　　　　C 特征值

2. 加载反力装置选择压重平台反力装置，压重施加于地基的压应力不宜大于地基承载力特征值的______倍。（　　）

A 2.0　　　　　　　　B 1.2　　　　　　　　C 1.5

3. 静载试验常用载荷传感器或压力表测定荷载值，压力表精度应优于或等于______级。（　　）

A 1　　　　　　　　B 0.4　　　　　　　　C 0.2

4. 基桩静载试验采用锚桩反力梁加载装置时，锚桩与试桩的净距应大于试桩直径的______。（　　）

A 2 倍　　　　　　　　B 3 倍　　　　　　　　C 4 倍

5. 基桩抗拔试验时，当荷载加到某级荷载下，桩顶上拔量大于前一级上拔荷载作用下的上拔量______倍，可终止加载。（　　）

A 2　　　　　　　　B 5　　　　　　　　C 10

6. 灌注桩应在桩身强度达到设计强度等级的前提下，从成桩到竖向抗压静载荷试验的间歇时间，对砂性土，不应少于______d。（　　）

A 7　　　　　　　　B 10　　　　　　　　C 15

7. 单桩水平载荷试验中，对于软土，当桩身或水平位移超过______mm 时可终止试验。（　　）

A 20　　　　　　　　B 30　　　　　　　　C 40

8. 当复合地基承载力按相对变形值确定时，对深层搅拌桩或旋喷桩复合地基，可取 S/b 或 $S/d=$______所对应的荷载。（　　）

A 0.015　　　　　　　　B 0.010 ~ 0.015　　　　　　　　C 0.004 ~ 0.010

9. 沉降测量采用的大量程百分表全程示值误差和回程误差分别不超过______μm 和______μm。（　　）

A 2,40　　　　　　　　B 40,6　　　　　　　　C 40,8

10. 对于缓变型 $Q \sim S$ 曲线可根据沉降量确定。对直径大于或等于 800 mm 的桩，可取 $s=$______D（D 为桩端直径）对应的荷载值。（　　）

A 0.6　　　　　　　　B 0.05　　　　　　　　C 0.06

二、填空题

1. 基桩静载试验目的是为______提供依据，为______提供依据。

2. 采用静载荷试验进行验收检测时，单位工程的抽检数量不应少于总桩数的______，且不少于______根；当总桩数在 50 根以内时，不应少于______根。

3. 工程桩抽样检测时，桩基静载试验的加载量不应少于设计要求的__________倍。

4. 沉降测量采用的位移传感器的测试误差不大于______，分辨力优于或等于______。

5. 为设计提供依据的竖向抗压静载试验应采用______________。

6. 单位工程同一条件下的单桩竖向抗压承载力特征值应按单桩竖向抗压______________取值。

7. 在单桩抗拔静载试验中，采用天然地基提供反力时，施加于地基的压应力不宜超过地基承载力特征值的______倍。

8. 单位工程同一条件下的单桩水平承载力特征的确定，当水平承载力按桩身强度控制时，取________________为单桩水平承载力特征值。

9. 基桩单桩抗压载试验的试桩中心与基准桩的中心距离应大于等于____________。

10. 检测机构应通过计量认证，并具有相应的______。

三、计算题

1. 某建筑工地属一级建筑物，基础处理采用钻孔灌注桩，桩径 1 000 mm，桩长 30 m，桩端持力层为泥质页岩。根据地质报告，地质分层如下：0 ~ 2 m 为素填土，2 ~ 10 m 为粉质粘土，q_s 为 20 kPa；10 ~ 20 m 为粉砂；q_s 为 36 kPa；20 ~ 28 m 为强粉风化泥岩，q_s 为 60 kPa。桩端进入持力层微风化岩 2 m，q_p 为 5 000 kPa。

(1) 根据地质和桩的基本情况，试画出该桩的轴力分布图。

(2) 根据地质报告提供的数据，计算单桩竖向极限承载力设计值，π 取 3，桩面积取整数。

(3) 根据工程设计要求，该工程采用堆载法做单桩竖向承载力试验，试计算其最小配重和实际分级荷载(按十级加载)。

(4) 假如试桩结果有 2 根桩的单桩竖向极限承载力为 6 000 kN，其余为 6 500 kN，试计算实测极限承载力平均值 Q_{um}。

2. 某根桩竖向抗拔静载试验施加第 5 级荷载时的桩顶上拔增量和桩顶累计上拔量分别为 1.05 mm 和 4 mm，施加第 6 级荷载时的桩顶上拔增量和桩顶累计上拔量分别为6.60 mm 和 10.00 mm。问是否可以终止试验？单桩竖向抗拔极限承载力取哪一级荷载？

四、简答题

1. 现场静载荷试验有哪些注意事项？分别说明之。

2. 基桩静载荷试验方法有哪些？简要说明之。

3. 单桩竖向抗压极限承载力统计值的确定应符合哪些规定？

4. 基桩静载试验时设置基准点应满足哪几个条件？

5. 如何确定单桩水平承载力极限值、水平临界荷载统计值、特征值？

第三十九节　基桩高、低应变法检测

一、选择题

1. 低应变法幅频信号分析的频率范围上限不应小于______Hz。(　　)

A 1 000　　　　B 2 000　　　　C 3 000

2. 空心桩的激振点与测量传感器安装位置宜在同一水平面上，激振点和测量传感器安装位置宜在桩壁厚的______处。(　　)

A 1/2　　　　　　B 1/3　　　　　　C 2/3

3. 混凝土预制桩施打抗裂的重要指标是______。(　　)

A 桩身锤击压应力　B 桩身锤击拉应力 C 两者都是

4. 凯斯法承载力计算公式是基于三个假定推导出的,以下 ______假定是错误的。(　　)

A 桩身阻抗基本恒定　　　　　　　B 动阻力与桩底质点运动速度成正比

C 土阻力在时刻 $t_2 = t_1 + 2L/C$ 之前已充分发挥

5. 目前国内外的桩基动测仪普遍采用高速 A/D 转换器,单道采样频率低应变测试不低于______Hz。(　　)

A 1 000　　　　　B 2 000　　　　　C 20 000

6. 一根弹性杆的一维纵波波速为4 000 m/s,当频率为4 000 Hz 的正弦波在该杆中传播时,它的波长为______mm。(　　)

A 1 000　　　　　B 1 600　　　　　C 1　　　　　D 16

7. 高应变试桩桩顶的最大动位移范围是______mm。(　　)

A 2 ~6　　　　　B 6 ~18　　　　　C 18 ~50

8. 高应变法检测钢桩时,宜选择______m/s^2 量程的加速度计。(　　)

A 20 000 ~200 000　B 2 000 ~20 000　C 20 000 ~30 000

9. 一根置于地面,两端自由的长桩,窄方波入射时,在桩身正中央所记录的入射波幅 *VI* 与反射波幅 *VR* 间的关系为______。(　　)

A $VR \approx VI$　　　B $VR \approx -2VI$　　　C $VR \approx -VI$　　　D $VR \approx 2VI$

10. 题目同 9,入射波与反射波的时差为______。(　　)

A $2L/C$　　　　B L/C　　　　C $1.5L/C$　　　　D $2.5L/C$

二、填空题

1. 根据建筑基桩检测技术规范 JGJ 106—2003 检测桩身完整性的方法有____。

2. 低应变法检测是利用________在桩身中的传播和反射来判断桩的质量。

3. 完整桩时域信号特点是______________________________。

4. 采用低应变法,时域信号记录的时间段长度应在 $2L/C$ 时刻后延续不少于______。

5. 采用高应变法进行灌注桩的竖向抗压承载力检测时,应具有____________和本地相近条件下的________________。

6. 采用高应变法测桩的承载力时,只限于______直径桩。

7. 采用凯斯法测桩,在同一场地、地质条件相近和桩型及截面面积相同情况下,J_c 值的极差不宜大于平均值的______。

8. 高应变检测用重锤应材质______、形状对称、锤底平整、高径(宽)比不得小于 1,并采用______________________。

9. 速度型传感器的灵敏度一般用________表示,加速度传感器的电荷灵敏度可用________表示。

10. 桩顶受锤击时，应力波沿桩身下行，遇到桩身阻抗增大，会产生__________；遇到桩身阻抗减小，则产生__________。

三、计算题

1. 在低应变检测中，时域曲线存在多次反射，其时间间隔为 3.6×10^3 μs，已知该批桩纵波平均速度为 4 200 m/s。确定该缺陷部位距检测桩顶的距离。

2. 有一桩桩长为 18 m，其混凝土应力波速度为 4 000 m/s，试画出下列情况下的理论时域信号波形。（均需标明时间和位置）

（1）完整。

（2）时间 $t=6$ ms 处广义波阻抗减小。

（3）时间 $t=3$ ms 处广义波阻抗增大。

3. 某预制桩应力波 $C=3\ 800$ m/s，重度 $\gamma=24$ kN/m^3，截面面积 $A=0.45\times0.45$ m^2，计算混凝土桩的弹性模量 E 和阻抗 Z 值。

4. 已知试桩桩身阻抗为 5 000 kN · s/m，实测其检测截面在某时刻的力值为 $F=$ 1 000 kN，速度值为 $V=-0.5$ m/s，求当时通过检测截面的上行波值 W_d。

四、简答题

1. 现场高低应变检测有哪些注意事项？分别说明之。

2. 简述低应变法检测原理和分析方法。

3. 低应变动力试桩时，如何根据不同需要采用不同的振源，为什么？

4. 如何应用高应变动力检测法对桩基工程的合格性进行分析评价？

5. 基桩高低应变动力检测的仪器性能及设备应符合哪些规定？

6. 采用凯斯法判定单桩极限承载力，应符合哪些规定？

7. 如何判断高应变动力检测数据的质量是否达到试验要求？

第四十节　混凝土桩钻芯法检测

一、选择题

1. 建筑基桩钻芯法检测适用于______桩。（　）

A 混凝土桩　　B 钢桩　　C 预应力混凝土管桩

2. 建筑基桩钻芯法检测对桩端持力层进行钻探时，每根受检桩不应少于______个孔。（　）

A 2　　B 1　　C 3

3. 建筑基桩钻芯法检测提钻卸取芯样时，应采用的方法是______。（　）

A 拧卸钻头和扩孔器同时敲打振动使得芯样下落

B 敲打振动钻头和扩孔器使得芯样下落　　C 拧卸钻头和扩孔器

4. 建筑基桩钻芯法检测截取混凝土抗压芯样试件，当桩长大于 30 m 时，抗压芯样试

件组数为______。(　　)

A 2组　　B 3组　　C 3组以上

5. 建筑基桩钻芯法检测截取混凝土抗压芯样试件时,每组芯样应制作______个芯样抗压试件。(　　)

A 2　　B 3　　C 1

6. 在建筑基桩钻芯法检测截取混凝土抗压芯样试件进行抗压强度试验时,受检桩中不同深度位置的混凝土芯样试件抗压强度代表值的______作为该受检桩混凝土芯样试件抗压强度代表值。(　　)

A 平均值　　B 最小值　　C 最大值

7. 在建筑基桩钻芯法检测截取混凝土抗压芯样试件进行抗压强度试验时,某一深度部位的抗压强度代表值为该深度处一组三块试件强度值的______。当同一受检桩在同一深度部位有两组或两组以上混凝土芯样试件强度代表值时取其______为该桩该深度处混凝土芯样试件抗压强度代表值。(　　)

A 平均值,最小值　　B 平均值,平均值　　C 最大值,最小值

8. 在建筑基桩钻芯法检测时,发现桩身混凝土芯样大部分胶结较好,无松散、夹泥或分层现象,但芯样局部破碎,破碎长度约60 mm。该受检桩的桩身完整性分类最高只能判定为 ______类。(　　)

A Ⅱ类　　B Ⅲ类　　C Ⅳ类

9. 建筑基桩钻芯法检测,当受检桩的长径比较大时,由于钻芯孔容易偏离桩身,一般要求受检桩的桩身直径不小于______mm。(　　)

A 1 000　　B 800　　C 1 200

10. 建筑基桩钻芯法检测应使用______钻头钻进。(　　)

A 金刚石　　B 合金　　C 钢粒

二、填空题

1. 建筑基桩钻芯法检测中使用的钻机设备参数应符合以下3个规定:①额定最高转速不低于______r/min;②转速调节范围不低于______挡;③额定配用压力不低于______MPa。

2. 建筑基桩钻芯法检测的钻孔数宜符合下面的规定:桩径小于1.2 m的桩钻____个孔,桩径为1.2~1.6 m的桩钻____个孔,桩径大于1.6 m的桩钻____个孔。

3. 建筑基桩钻芯法检测的钻孔位置宜符合下面的规定:当钻芯孔为1个时,宜在距桩中心____________的位置开孔,当钻芯孔为两个或两个以上时,开孔位置宜在距离中心____________内对称均匀分布。

4. 建筑基桩钻芯法检测每回次进尺宜控制在1.5 m内。钻取的芯样应由上而下按回次顺序放进芯样箱中,芯样侧面上应清晰标明______、______、____________。

5. 建筑基桩钻芯法检测在单桩完整性评价满足设计要求时,应采用__________MPa压力,从钻芯孔孔底往上用水泥浆封闭,否则应__________钻芯孔,待留处理。

6. 建筑基桩钻芯法检测截取混凝土抗压芯样试件时,上部芯样位置距桩顶设计标高

不宜大于________或________，下部芯样位置距桩底不宜大于____或____，中间芯样宜等间距截取。

7. 在建筑基桩钻芯法检测截取混凝土抗压芯样试件进行抗压强度试验后，当发现芯样试件平均直径小于2倍试件内混凝土____________，且____________时，该试件的强度值不得参与统计平均。

8. 在建筑基桩钻芯法检测桩身混凝土强度时，受检桩的混凝土龄期应达到______d，达到______________设计强度。

9. 建筑基桩钻芯法检测主要目的是4个：①桩身混凝土质量，如桩身混凝土胶结状况、有无气孔、松散或断桩、桩身混凝土强度是否满足设计要求等；②______________是否符合设计或规范要求；③__________的岩土性状（强度）和厚度是否符合设计或规范要求；④施工记录中的__________是否真实。

10. 建筑基桩钻芯法检测在制作芯样试件时，试件几何尺寸应满足以下5项规定：①芯样试件高度与试件平均直径之比应不超过____________的范围；②沿试件高度任一处直径与平均直径之差应不大于______mm；③试件端面的不平整度在100 mm长度内应不超过______mm；④试件端面与轴线的不垂直度应不大于____度；⑤芯样试件平均直径不小于2倍表观混凝土粗集料最大粒径。

三、计算题

计算钻芯法检测的受检桩的混凝土芯样试件抗压强度代表值，见表2-12。

表2-12　受检桩混凝土芯样代表值计算

桩号：251#　　桩长：10 m　　桩身直径：800 mm

试件组	试件标号	试件工程部位（桩顶下）	试件抗压强度值（MPa）	组代表值（MPa）	受检桩代表值（MPa）
第一组	1-1	1 000~1 100	21.5		
	1-2	1 150~1 250	23.1		
	1-3	1 300~1 400	22.3		
第二组	2-1	4 800~4 900	19.5		
	2-2	5 050~5 150	20.1		
	2-3	5 200~5 300	22.2		
第三组	3-1	8 700~8 800	17.5		
	3-2	8 850~8 950	18.1		
	3-3	9 000~9 100	17.6		

四、简答题

1. 简述建筑基桩钻芯法检测的芯样编号方法。

2. 简述建筑基桩钻芯法检测时金刚石钻进应注意的事项。

第四十一节　天然、复合地基载荷试验

一、选择题

1. 竖向承载力水泥土搅拌桩复合地基竣工验收时，应采用单（或多）桩复合地基载荷试验的方法检验复合地基承载力。检验数量为总桩数的______，且每项单体工程不应少于3点。（　　）

A 1%～1.5%　　B 0.5%～1%　　C 1.5%～2%

2. 水泥粉煤灰碎石桩复合地基竣工验收时，承载力检验应采用______。（　　）

A 单桩竖向抗压静载试验　　B 单（多）桩复合地基载荷试验

C 静力触探试验

3. 单桩复合地基载荷试验采用的载荷板面积______。（　　）

A 为1 m^2　　B 与单桩处理的地基面积相等

C 与单桩截面积相等

4. 在进行单桩复合地基载荷试验时，承压板底面下宜铺设粗砂或中砂垫层，垫层厚度宜取 ______mm，桩身强度高宜取大值。（　　）

A 10～40　　B 50～150　　C 150～200

5. 在进行单桩复合地基载荷试验时，当压力—沉降曲线是平缓的光滑曲线时，按照相对变形值确定试验点处的单桩复合地基承载力特征值。对于水泥土搅拌桩单桩复合地基，可取 s/b 或 s/d 等于______所对应的压力值与最大加载压力值的一半比较取二者的______值。（　　）

A 0.01，平均值　　B 0.01，大值　　C 0.006，小值

D 0.01，小值　　E 0.006，大值　　F 0.006，平均值

6. 在进行单桩复合地基载荷试验时，当压力—沉降曲线是平缓的光滑曲线时，按照相对变形值确定试验点处的单桩复合地基承载力特征值。对于砂石桩、振冲桩复合地基：当以粘性土为主的地基，可取 s/b 或 s/d 等于______所对应的压力值；当以粉土或砂土为主的地基，可取 s/b 或 s/d 等于______所对应的压力值。但不应大于最大加载压力的一半。（　　）

A 0.01，0.01　　B 0.015，0.015　　C 0.015，0.01

7. 在进行单桩复合地基载荷试验时，当压力—沉降曲线是平缓的光滑曲线时，按照相对变形值确定试验点处的单桩复合地基承载力特征值。对于土挤密桩、石灰桩或柱锤冲扩桩复合地基，可取 s/b 或 s/d 等于______所对应的压力值；对灰土挤密桩复合地基，可取 s/b 或 s/d 等于______所对应的压力值。但不应大于最大加载压力的一半。（　　）

A 0.01，0.15　　B 0.012，0.008　　C 0.015，0.015

8. 在进行复合地基载荷试验时，承压板的累计沉降量已大于其宽度或直径的____%时，可终止加载。（　　）

A 10　　B 1　　C 6

9. 在进行复合地基载荷试验时，每加一级荷载前后均应读记承压板沉降量一次，以后每间隔______min 读记一次，当______min 内沉降量小于 0.1 mm 时即可加下一级荷载。(　　)

A 15,15　　　　B 15,30　　　　C 30,60

10. 在进行复合地基载荷试验时，加载等级可分为______级，最大加载压力不应小于设计要求压力值的______倍。(　　)

A 8～12,2　　　　B 8～10,1.5　　　　C 8～10,2

二、填空题

1. 水泥土搅拌桩复合地基载荷试验必须在桩身强度满足试验荷载条件后进行。宜在成桩________d 后进行。

2. 水泥土搅拌桩经触探和载荷试验检验后对桩身质量有怀疑时，应在成桩____d 后，用双管单动取样器钻取芯样做抗压强度检验，检验数量为施工总桩数的____%，且不少于________根。

3. 水泥粉煤灰碎石桩复合地基竣工验收应在桩身强度满足试验荷载条件时，并宜在施工结束____d 后进行，试验数量宜为总桩数的______，且每个单体工程试验数量不应少于____根。

4. 夯实水泥土桩复合地基竣工验收时，承载力检验应采用______复合地基载荷试验。对重要或大型工程，尚应进行______复合地基载荷试验。

5. 进行单桩复合地基载荷试验时，试验标高处的基坑长度和宽度，应不小于承压板尺寸的______倍，为观察承压板沉降量而设置的基准桩与承压板几何中心点的距离应不小于承压板长度或宽度的____倍。

6. 进行单桩复合地基载荷试验时，每加一级荷载前后均应各读记承压板沉降量一次，以后每间隔____min 读记一次，当____min 内沉降两小于____mm 时，即可加下一级荷载。

7. 进行单桩复合地基载荷试验时，当承压板的累计沉降量已大于其宽度或直径的______%时，可终止加载。当达不到极限荷载，最大加载量至少应不小于设计要求的____倍。

8. 单位工程复合地基载荷试验点数不应少于____点，当满足其____不超过平均值的30%时，可取________为复合地基的承载力特征值。

9. 在进行单桩复合地基载荷试验时，当压力—沉降曲线是平缓的光滑曲线时，按照相对变形值确定试验点处的单桩复合地基承载力特征值。对于水泥粉煤灰碎石桩或夯实水泥土桩复合地基，当以卵石、圆砾、密实粗中砂为主的地基，可取 s/b 或 s/d 等于______所对应的压力值；当以粘性土、粉土为主的地基，可取 s/b 或 s/d 等于______所对应的压力值。但不应大于最大加载压力的一半。

10. 在进行单桩复合地基载荷试验时，卸载级数为加载级数的____，等量进行，每卸一级，间隔____min 读记回弹量，待卸完全部荷载后间隔____min 读记总回弹量。

三、计算题

某一水泥土搅拌桩复合地基工程设计参数如下：桩身直径 500 mm，桩长约 10 m，桩位呈连续正三角形分布，正三角形边长为 1 000 mm，复合地基承载力特征值设计要求为 170 kPa。问该工程水泥土搅拌桩复合地基的置换率为多少，在进行单桩复合地基载荷试验时若采用正方形承压板，其边长应取多少，最大试验荷载应不小于多少 kN？

四、简答题

1. 简述复合地基载荷试验方案中应包含的内容。

2. 简述复合地基载荷试验对承压板的具体要求，对试验基坑的标高、长度和宽度的具体要求。

3. 简述复合地基载荷试验加载和卸载时承压板位移的读记时间。

第四十二节　植筋和锚栓检测

一、选择题

1. 采用植筋技术，当新增构件为悬挑结构构件时，其原构件混凝土强度等级不得低于 ______。（　）

A C25　　B C30　　C C20　　D C35

2. 采用植筋技术，当新增构件为其他结构构件时，其原构件混凝土强度等级不得低于 ______。（　）

A C25　　B C30　　C C20　　D C35

3. 混凝土结构采用锚栓技术时，其混凝土强度等级：对重要构件不应低于______级；对一般构件不应低于____级。（　）

A C25，C20　　B C30，C25　　C C30，C20　　D C30，C30

4. 现场破坏性检验的抽样，应选择易修复和易补种的位置，取每一检验批锚固件总数的 ______，且不少于 ______件进行检验。（　）

A 1%，5　　B 1‰，5　　C 1‰，3　　D 1%，3

5. 植筋锚固质量的非破损检验对重要结构构件，应按其检验批植筋总数的____，且不少于____件进行随机抽样。（　）

A 1%，5　　B 1%，3　　C 3%，3　　D 3%，5

6. 对非破损检验的评定时，当一个检验批所抽取的试样仅有______或______以下不合格时，应另抽______根试样进行破坏性检验。若检验结果全数合格，该检验批仍可评为合格批。（　）

A 5%，5%，5　　B 3%，3%，3　　C 3%，3%，5　　D 5%，5%，3

7. 对植筋进行破坏性检验评定时，检验结果是钢材破坏，计算时检验用安全系数 $[\gamma_u]$ 取值应为______。（　）

A 3.50　　B 1.30　　C 1.45　　D 1.65

8. 对锚栓进行破坏性检验评定时，检验结果是非钢材破坏，计算时检验用安全系数 $[\gamma_u]$ 取值应为______。(　)

A 1.30　　B 3.50　　C 1.45　　D 1.65

9. 现场使用设备的加荷能力应比预计的检测荷载值至少大______，且应能连续、平稳、速度可控地运行。(　)

A 15%　　B 20%　　C 25%　　D 30%

10. 现场使用设备的支承点与锚固件之间的净间距，不应小于______倍植筋或锚栓的直径，且不应小于______mm；设备的支承点与锚栓的净间距不应小于______倍有效埋深。(　)

A 3,60,1.5　　B 3,50,1.5　　C 5,60,1.5　　D 5,50,1.5

二、填空题

1. 植筋适用于______的锚固；不适用于______构件，包括______配筋率低于最小配筋百分率规定的构件锚固。

2. 锚栓适用于______结构；不适用于______结构及______的结构。

3. 锚固质量现场检验抽样时，应以______的锚固件安装于锚固部位基本相同的同类构件为一检验批，并应从每一检验批所含的______抽样。

4. 锚栓锚固质量的非破损检验对重要结构构件抽样应符合下表要求：

检验批的锚栓总数	≤100	500	1 000	2 500	≥5 000
按检验批锚栓总数计算的最少抽样量	___，且不少于__件	___	___	___	___

注：当锚栓总数介于两栏数量之间时，可按线性内插法确定抽样数量。

5. 锚栓锚固质量的非破损检验对一般结构构件，可按重要结构构件抽样量的____，且不少于____件进行随机抽样。

6. 植筋锚固质量的非破损检验对一般结构构件，应按______，且不少于______件进行随机抽样。

7. 检测时检测设备的液压加荷系统在短时(≤____)保持荷载期间，其降荷值不得大于____。

8. 在进行破坏性检验连续加荷时，对锚栓应以均匀速率控制在______时间内加荷至锚固破坏；对植筋应以均匀速率控制在______时间内加荷至锚固破坏。

9. 在进行非破坏性检验连续加荷时，应以均匀速率控制在______时间内加荷至设定得检验荷载，并在该荷载下持荷______。

10. 非破损检验的荷载检验值应符合下列规定：

(1) 对植筋，应取______受检验锚固件连接的轴向受拉承载力设计值作为检验荷载；

(2) 对锚栓，应取______受检验锚固件连接的轴向受拉承载力设计值作为检验荷载。

三、计算题

某建筑工地由于工程变更原因需植筋。设计图纸为重要结构构件，植筋数量为220根HRB335直径22 mm的钢筋，设计轴向受拉承载力为127 kN。某检测机构对该批植筋进行了现场破坏性检验，检验数据如表2-13所示，请对该批植筋进行判定。

四、简答题

1. 简述非破损检验不合格批的判定。
2. 简述破坏性检验合格批的判定。

表2-13　植筋检验数据

检验编号	钢筋牌号	钢筋直径(mm)	极限抗拔力值(kN)	破坏状态
1	HRB335	22	201.4	钢筋拉断
2	HRB335	22	160.3	钢筋拔出
3	HRB335	22	196.5	钢筋拉断
4	HRB335	22	200.3	钢筋拉断
5	HRB335	22	178.4	钢筋拔出
6	HRB335	22	199.5	钢筋拉断
7	HRB335	22	199.7	钢筋拉断

第四十三节　贯入法检测砂浆强度

一、选择题

1. 贯入仪的贯入力应为______N，工作行程应为______mm。(　　)

A (800±8)，(20±0.10)　　B 800，20　　C (800±4)，(20±0.05)

2. 当贯入仪在启用前、超过校准有效期或累计贯入次数超过______次，仪器应送法定计量部门进行校准。(　　)

A 6 000　　B 8 000　　C 10 000

3. 采用贯入法对于按批抽检的砌体，当该批构件砌筑砂浆抗压强度换算值变异系数______时，则该批构件应全部按单个构件检测。(　　)

A 不小于0.3　　B 不小于0.2　　C 小于0.3

4. 贯入仪在闲置和保存时，工作弹簧应处于______状态。(　　)

A 自由　　B 绷紧　　C 任意

5. 采用贯入法检测砌体砂浆强度时，被检测灰缝应饱满，其厚度不应______，并应避开竖缝位置、门窗洞口、后砌洞口和预埋件的边缘。(　　)

A 大于5 mm　　B 小于7 mm　　C 小于10 mm

6. 用贯入法检测的砌筑砂浆，其强度为______MPa。(　　)

A 0.4 ~ 16.0　　B 0.5 ~ 15.0　　C 1.0 ~ 20.0

7. 贯入法检测时，测点均匀分布在构件的______灰缝上。(　　)

A 水平　　B 竖直　　C 水平或竖直

8. 新购置的贯入仪在开始使用前，______送计量部门进行校准。(　　)

A 需要　　B 不需要　　C 检测数据异常时需要

9. 用贯入法检测的砌筑砂浆应该处于______状态。(　　)

A 干燥　　B 自然风干　　C 潮湿

10. 在用贯入法检测时，多孔砖砌体和空斗墙砌体二者水平灰缝深度应大于____mm。(　　)

A 10　　B 20　　C 30

二、填空题

1. 贯入法检测砌体砂浆强度时，每一构件应测试____点。测点均匀分布在构件的____灰缝上，每条灰缝测点不宜多于____点。

2. 贯入法按批量检测时，抽检数量不应少于砌体总构件数的____%，且不应少于____个构件。

3. 当砌体的灰缝经打磨仍难以达到平整时，可在测点处做标记，贯入检测前用________________测读测点处的砂浆表面____________读数 d_i^0，然后再在测点处进行贯入检测，以消除砌体灰缝表面不平的影响。

4. 在贯入操作过程中，当测点处的灰缝砂浆存在空洞或测孔周围砂浆不完整时，该测点应____，__________。

5. 利用贯入法按批抽检时，需要计算同批构件砂浆抗压强度换算值的__________和________，并取它们中的较小值作为该批构件的砌筑砂浆抗压强度推定值。

6. 利用贯入法检测砌体砂浆强度时，贯入法检测数值中，应将16个贯入深度中的____个最大值和____个最小值剔除，余下的深度值取算术平均值。

7. 按照《贯入法检测砌体砂浆抗压强度技术规程》附录D的砂浆抗压强度换算表计算时，应首先进行______________试验。

8. 用贯入法检测的砌筑砂浆龄期应为______________。

9. 利用贯入法检测时，每次试验前，应用测钉量规检验测钉的长度，测钉能够通过测钉量规槽时，应________________。

10. 正常使用过程中，贯入仪贯入深度测量表应由法定计量部门进行检定，校准周期一般为______。

三、计算题

某工程为砖混结构，三、四层墙体采用M7.5混合砂浆和MU10普通粘土砖砌筑。现利用贯入法对三层墙体砂浆强度进行抽检。按规程要求，抽检了6片墙进行贯入试验。6个部位的平均贯入深度分别为4.55 mm、4.87 mm、4.23 mm、4.15 mm、4.00 mm和4.85

mm。试计算该批墙体的砂浆强度推定值。(砂浆强度换算表见表 2-14)

表 2-14　砂浆强度换算表

贯入深度 d_i(mm)	砂浆抗压强度换算值 $f^c_{2,j}$(MPa)	
	水泥混合砂浆	水泥砂浆
4.00	7.8	8.9
4.10	7.3	8.4
4.20	7.0	8.0
4.30	6.6	7.6
4.40	6.3	7.2
4.50	6.0	6.9
4.60	5.7	6.6
4.70	5.5	6.3
4.80	5.2	6.0
4.90	5.0	5.7
5.00	4.8	5.5
5.10	4.6	5.3

四、简答题

1. 砂浆按其配合成分可分哪几种？砂浆在砌体中起到什么作用？

2. 贯入检测时，如何保证测钉长度符合技术规程的要求？

第四十四节　回弹法检测混凝土强度

一、选择题

1. 在回弹测区布置时，每一结构或构件测区数不应少于 10 个，对某一方向尺寸小于______m 且另一方向尺寸小于______m 的构件，其测区数量可适量减少，但不应少于 5 个。(　)

A 5,0.3　　B 4.5,0.3　　C 4.5,0.24

2. 当检测条件与现行回弹法测强曲线的适用条件有较大差别时，可采用同条件试件或钻取混凝土芯样进行修正，试件或钻取芯样数量不应少于________个。(　)

A 6　　B 3　　C 8

3. 回弹值测量时，回弹仪的轴线应始终垂直于结构或构件的混凝土检测面，______，准确读数，________。(　)

A 用力施压，快速复位　B 缓慢施压，缓慢复位　C 缓慢施压，快速复位

4. 回弹法检测规程中的统一测强曲线所适用的混凝土抗压强度为________MPa。(　)

A 10 ~ 60　　B 10 ~ 50　　C 10 ~ 80

5. 当检测时回弹仪为非水平方向且测试面为非混凝土浇筑侧面时,应先按规程对回弹值进行________修正,再对修正后的值进行________修正。(　　)

A 角度,浇筑面　　B 碳化,角度　　C 浇筑面,角度

6. 回弹法检测规程中的统一测强曲线所适用的混凝土龄期为________。(　　)

A 3 年以内　　B 7 ~ 1 000 d　　C 14 ~ 1 000 d

7. 采用真空吸附处理的混凝土,________直接采用回弹法全国统一测强曲线进行强度计算。(　　)

A 不能　　B 能　　C 没有要求

8. 当回弹仪弹击超过________次,则应进行常规保养。(　　)

A 2 000　　B 4 000　　C 6 000

9. 检测人员在进行回弹仪的常规保养时,________旋转尾盖上已定位紧固的调零螺丝。(　　)

A 根据率定值情况　　B 不得　　C 根据 100 刻度处是否脱钩

10. 利用回弹法检测泵送混凝土强度,当碳化深度值不大于 2.0 mm 时,每一测区混凝土强度应该再进行一次________零修正。(　　)

A 小于　　B 不小于　　C 大于

二、填空题

1. 利用回弹法检测结构混凝土强度,在进行碳化深度测量时,当所测得的碳化深度极差大于________mm 时,应在每一测区测量碳化深度值。

2. 利用回弹法检测结构混凝土强度,对按批量检测的构件,当该批构件混凝土强度平均值小于 25 MPa,且均方差________时;或者当该批构件混凝土强度平均值不小于 25 MPa,且均方差________时,则该批构件应全部按单个构件检测。

3. 在一根构件上布置了 15 个回弹测区,应在有代表性的位置上测量碳化深度值,测点数不应少于________个,取其________为该构件每测区的碳化深度值。

4. 利用回弹法检测结构混凝土强度,当结构测区数不少于 10 个或按批量检测,且测区强度值均超过 10 MPa 时,该结构的混凝土强度推定值为结构测区混凝土强度换算值的平均值减去________倍的强度换算值的均方差。这样,得到的混凝土强度推定值相应于强度换算值总体分布中保证率不低于 95% 的结构中的混凝土抗压强度值。

5. 当回弹仪超过检定有效期限或者回弹仪累计弹击次数超过________次等情况时,应送检定单位检定。

6. 一台回弹仪处于标准状态,则该回弹仪水平弹击时,弹击锤脱钩的瞬间,回弹仪的标准能量应为 2.207 J;弹击锤与弹击杆碰撞的瞬间,弹击拉簧处于自由状态,此时弹击锤起跳点应相应于指针指示刻度尺上“____”处;在洛氏硬度 HRC 为 60 ± 2 的钢砧上,回弹仪的率定值应为________。

7. 回弹法在工程检测前后,应在钢钻上做______试验,并应使回弹仪处于标准状态。

8. 利用回弹法检测某构造柱混凝土强度,共布置 6 个回弹测区,强度换算值分别为 23.5 MPa、25.5 MPa、27.3 MPa、24.2 MPa、26.4 MPa、22.3 MPa,则该构造柱的混凝土强

度推定值为________。

9. 利用回弹法检测某构造柱混凝土强度,共布置 6 个回弹测区,强度换算值分别为 13.2 MPa、15.5 MPa、9.3 MPa、12.2 MPa、16.7 MPa、11.0 MPa,则该构造柱的混凝土强度推定值为________。

10. 当检测时回弹仪为非水平方向且测试面为非混凝土浇筑侧面时,应先按规程对回弹值进行________修正,再对修正后的值进行________修正。

三、计算题

某小区 2 号楼梁、板、柱混凝土设计强度等级为 C25,泵送混凝土。各种材料均符合国家标准,自然养护,龄期为 3 个月。现采用回弹法对结构实体强度进行抽检。现场检测状态及测试角度为底面、向上,其中有一块板布置了 5 个测区,垂直向上在板底测试。原始记录如表 2-15 所示。请根据提供的规程 JGJ/T 23—2001 附录 A、B、C、D 计算该块板的混凝土强度推定值。

表 2-15　回弹法检测混凝土抗压强度原始记录表

构件	回弹值 R_i																	碳化
	测区	1	2	3	4	5	6	7	8	9	10	11	12	13	14	15	16	(mm)
二层顶板 3－4/E－F	1	35	36	35	35	36	37	38	35	36	32	35	40	34	34	35	36	2.0
	2	36	37	38	36	36	36	36	36	36	37	38	36	35	36	36	36	2.0
	3	36	36	35	35	34	33	36	37	37	38	38	38	38	38	36	36	—
	4	36	37	38	39	40	35	35	35	35	36	37	37	36	36	37	36	—
	5	37	37	37	36	36	36	37	37	35	35	39	40	32	34	35	36	—

四、简答题

1. 利用回弹法检测泵送混凝土强度,按规程中的全国统一测强曲线推定的测区混凝土强度换算值是低于其实际强度值还是高于其实际强度值?为什么?

2. 简述回弹法中钢砧率定的作用。

第四十五节　钻芯法检测混凝土强度

一、选择题(不定项)

1. 利用钻芯法检测时,芯样的高径比大于 1,则应乘上____1 的修正换算系数。(　　)

A 小于　　　　B 大于　　　　C 等于

2. 单个构件或单个构件的局部区域,可取芯样试件混凝土强度换算值中的______作为其代表值。(　　)

A 最小值　　　　B 平均值　　　　C 最大值

3. 钻芯检测混凝土强度____代替国家标准规定的混凝土强度检验评定方法。( )

A 可以　　　　B 不可以　　　　C 有时候可以

4. 钻芯法检测混凝土强度主要用于下列情况:①对立方体试块抗压强度的测试结果有怀疑;②因材料、施工或养护不良而发生混凝土质量问题时;③混凝土遭受冻害、火灾、化学侵蚀或其他损害时;还有( )。

A 需检测经多年使用的结构中混凝土强度时

B 当需要施工验收辅助资料时　　　　C 对混凝土均匀性有怀疑时

5. 带有明显缺陷和加工不合格的芯样____作为混凝土强度检测用的芯样试件。( )

A 可以　　　　B 不得　　　　C 经过修正后可以

6. 采用钻芯法推定混凝土强度时,在芯样试件数量方面,对于标准芯样试件,应取____个,小直径芯样试件应酌情增加。( )

A 20 ~ 30　　　　B 不少于 6　　　　C 构件总数的 30%

7. 在某框架柱上钻取 3 个芯样,芯样试件混凝土强度换算值分别为 34.0 MPa、29.5 MPa 和 40.9 MPa,则该柱的混凝土强度代表值为____MPa。( )

A 34.0　　　　B 29.5　　　　C 34.8

8. 芯样在试验前应对其几何尺寸进行测量,对于平均直径,在____相互垂直的两个位置上,取测量的平均值,精确至 0.5 mm。( )

A 芯样中部　　　　B 芯样最细处　　　　C 芯样最粗处

9. 按现行的《钻芯法规程》(CECS03:88)规定,加工好的芯样试件中________钢筋。( )

A 绝对不能有　　　　B 在一定条件下允许有　　　　C 可含可不含

10. 利用钻芯法检测时,当芯样的垂直度不满足规范时,则得到的混凝土强度换算值会偏____。( )

A 大　　　　B 小　　　　C 没影响

二、填空题

1. 芯样试件的混凝土强度换算值系指用钻芯法测得的芯样强度,换算成测试龄期的边长为______的抗压强度值。

2. 芯样在试验前应对其几何尺寸进行测量,对于平均高度,用钢直尺或钢卷尺进行测量,精确至________mm。

3. 在即将实施的钻芯法新规程中,可以对结构混凝土强度进行批量推定,它要求给出抗压强度标准值的____________。

4. 现行钻芯法规程适用于抗压强度不大于________MPa 的普通混凝土抗压强度的检测,对于强度等级高于该值的混凝土、轻集料混凝土和钢纤维混凝土的强度检测,应通过专门的试验确定。

5. 钻芯修正可采用________、________和________________的方法。

6. 采用钻芯法进行单个构件混凝土强度的推定时，有效标准芯样试件数据不得少于____个，小直径芯样试件宜适当________数量。

7. 混凝土芯样在抗压试验之前，需要对芯样平整度进行测量，具体方法为：用钢板尺或角尺紧靠在芯样端面上，一面____________，一面用________测量与芯样端面之间的缝隙。

8. 按自然干燥状态进行试验时，芯样试件在受压前应在室内自然干____天；按潮湿状态进行试验时，芯样试件应在(20 ±5)℃的清水中浸泡____，从水中取出后应立即进行试验。

9. 某个芯样的平均直径为 99.5 mm，高度 101.3 mm，在试验机上的破坏荷载为 244.3 kN，则该芯样试件混凝土强度换算值为________。

10. 钻取的芯样锯切后还宜进行端面加工，可以用水泥砂浆或水泥净浆或________等材料在专用补平装置上补平。

三、计算题

某工程四层柱混凝土强度设计为 C25。利用回弹法兼钻芯取样的方法对四层柱结构混凝土强度进行检测。回弹测试完毕后，选择 6 个构件钻取芯样。测试部位、回弹法测试强度、芯样抗压强度结果如表 2-16 所示。试计算各芯样的强度换算值和钻芯法修正系数。

表 2-16 芯样抗压强度结果汇总表

检测部位	回弹法换算强度(MPa)	芯样平均直径(mm)	芯样平均高度(mm)	试验破坏荷载(kN)	芯样换算强度(MPa)	修正系数
5/A	24.6	100.0	104.5	198.6		
6/B	25.9	100.0	102.0	212.0		
3/E	23.5	100.0	102.0	200.2		
8/E	22.6	100.0	101.5	192.3		
13/F	26.7	100.0	103.5	208.0		
5/G	28.0	100.0	104.0	244.0		

四、简答题

1. 在进行抗压强度试验时，芯样应以什么状态进行试验？

2. 阐述混凝土强度换算值的含义。

第四十六节 超声回弹综合法检测混凝土强度

一、选择题

1. 在超声回弹综合法测区布置时，每一结构或构件测区数不应少于 10 个，对某一方

向尺寸不大于______且另一方向尺寸不大于______的构件,其测区数量可适量减少,但不应少于5个。(　　)

A 5 m,0.3 m　　B 4.5 m,0.3 m　　C 4.5 m,0.24 m

2. 当检测条件与超声回弹综合法测强曲线的适用条件有较大差别时,可采用同条件试件或钻取混凝土芯样进行修正,试件或钻取芯样数量不应少于______个。(　　)

A 6　　B 4　　C 8

3. 回弹值测量时,回弹仪的轴线应始终垂直于结构或构件的混凝土检测面,______,准确读数,______。(　　)

A 用力施压,快速复位　　B 缓慢施压,缓慢复位　　C 缓慢施压,快速复位

4. 超声回弹综合法检测规程中的统一测强曲线所适用的混凝土抗压强度为______ MPa。(　　)

A 10～60　　B 10～50　　C 10～70

5. 当检测时回弹仪为非水平方向且测试面为非混凝土浇筑侧面时,应先按规程对回弹值进行______修正,再对修正后的值进行______修正。(　　)

A 角度,浇筑面　　B 碳化,角度　　C 浇筑面,角度

6. 超声回弹综合法检测规程中的统一测强曲线所适用的混凝土龄期为______。(　　)

A 3年以内　　B 7～2 000 d　　C 14～1 000 d

7. 利用超声法在混凝土浇筑的顶面和底面对测或斜测时,测区声速值应乘上______的修正系数。(　　)

A 大于1　　B 小于1　　C 不用修正

8. 当回弹仪累计弹击次数超过______次,则应经检定单位检定后方可使用。(　　)

A 4 000　　B 5 000　　C 6 000

9. 当回弹仪弹击超过______次,则应进行常规保养。(　　)

A 2 000　　B 4 000　　C 6 000

10. 在非水平状态下测得的回弹值,应对其进行修正,当回弹仪测试方向为向上时,该修正值______。(　　)

A 大于0　　B 小于0　　C 不一定

二、填空题

1. 利用超声回弹综合法进行批量检测时,构件抽样数不应少于同批构件的______%,且不应少于______件。

2. 对按批量检测的构件,当该批构件混凝土强度平均值小于25 MPa,且标准差______时;或者当该批构件混凝土强度平均值大于50 MPa,且均方差______时,则该批构件应全部按单个构件检测。

3. 超声回弹综合法所用的超声仪换能器一般为______～100 kHz。

4. 超声波检测仪的声时计量检验,应按“________”法测量空气中声速值,并与理论计算值进行比较,二者的相对误差不应超过±0.5%。

5. 当混凝土含水率偏高,则混凝土声速值偏________,回弹值偏________。

6. 粗集料的种类对超声法的测试结果有明显影响。若以卵石混凝土为基础,则碎石混凝土所推算的强度约偏________25%。

7. 在选用超声回弹综合法测强曲线时,应优先使用________测强曲线。

8. 利用超声回弹法检测混凝土强度时,超声测距测量应精确至______,且测量误差不应超过______。

9. 利用超声回弹法检测结构混凝土强度,超声测试宜优先采用对测或______,当被测构件不具备上述条件时,可采用单面______。

10. 利用超声回弹法检测结构混凝土强度,当结构或构件中测区数不少于10个或按批量检测时,结构或构件混凝土推定值为________________________________。

三、计算题

利用超声回弹综合法抽检某工程现浇板混凝土强度。超声测区布置在板的顶面和底面,回弹测区布置在板底面。混凝土强度等级为C25,碎石。其中1-2/C-D板平均回弹值、平均声速值如表2-17所示。试计算各测区强度换算值和构件强度推定值。

表2-17　1-2/C-D板平均回弹值、平均声速值

构件编号	测区号									
	1	2	3	4	5	6	7	8	9	10
平均回弹值	45.5	46.8	44.4	48.0	45.6	47.0	43.5	44.6	46.0	42.0
平均回弹值(修正后)										
平均声速值(修正前)(km/s)	4.35	4.46	4.37	4.38	4.55	4.36	4.40	4.42	4.38	4.42
平均声速值(修正后)(km/s)										
测区强度换算值(MPa)										

四、简答题

1. 超声回弹综合法测区的布置有哪些主要要求?

2. 新版规程中为什么提出超声平测法?有哪些技术要点?

第四十七节　超声法检测混凝土缺陷

一、选择题

1. 在进行超声仪波幅计量检验时,可将屏幕显示的首波幅度调至一定高度,然后把仪器衰减系统的衰减量增加或减少______dB,此时屏幕波幅高度降低一半或升高一倍。(　　)

A 4　　　　　　　　B 6　　　　　　　　C 8

2. 采用超声法检测裂缝深度时，裂缝中有积水或泥浆对测试结果______影响。(　　)

A 有　　　　　　　　B 没有　　　　　　　　C 不用考虑

3. 采用超声法检测缺陷时，混凝土表面损伤层厚度值主要与______有关。(　　)

A 声时　　　　　　　　B 波幅　　　　　　　　C 主频

4. 采用钻孔对测法检测裂缝深度时，随换能器位置的下移，波幅逐渐______，当换能器下移至某一位置后，波幅达到______并基本稳定，该位置所对应的深度便是裂缝深度值。(　　)

A 减小，最小　　　　　　　　B 增大，最大　　　　　　　　C 增大，最小

5. 在利用超声进行波幅测量时，除刻度法外，还可以用______。(　　)

A 衰减值法　　　　　　　　B 直读法　　　　　　　　C 尺量法

6. 在利用超声法测量裂缝深度时，当结构的裂缝部位只有一个可测表面，估计裂缝深度______时，可采用单面平测法进行测量。(　　)

A 不大于 400 mm　　　　　　　　B 大于 300 mm　　　　　　　　C 不大于 500 mm

7. 利用超声平测法测量裂缝深度，在跨缝测量中，当在某测距发现首波______时，可用该测距及两个相邻测距的测量值计算缝深。(　　)

A 变大　　　　　　　　B 反相　　　　　　　　C 变小

8. 利用超声法检测混凝土表面损伤层时，宜选用频率______的厚度振动式换能器。(　　)

A 较低　　　　　　　　B 较高　　　　　　　　C 不用考虑

9. 利用超声法检测钢管混凝土缺陷，应采用______的方法进行。(　　)

A 斜测　　　　　　　　B 径向对测　　　　　　　　C 平测

10. 采用测量空气声速进行声时计量校验时，将两个换能器的辐射面相互对准，以间距为 50 mm、100 mm、150 mm、200 mm、…依次放置在空气中，在保持首波幅度一致的条件下，读取各间距所对应的声时值 t_1、t_2、t_3、t_4、…、t_n。测点数 n 应______。(　　)

A 不少于 10 个　　　　　　　　B 不少于 6 个　　　　　　　　C 大于 5 个

二、填空题

1. 超声脉冲法是指对混凝土内部空洞和不密实区的位置和范围、裂缝深度等，测量超声脉冲波在混凝土中的__________、__________和接收信号________等声学参数，并根据这些参数及其相对变化，判定混凝土中的缺陷情况。

2. 超声法常用换能器有__________振动方式和__________振动方式两种类型。

3. 采用数字式超声仪测量时，应将仪器的____________、____________等参数设置在某一挡并保持不变。换能器与混凝土测试表面应始终保持良好的耦合状态。

4. 采用超声法检测裂缝深度时，当 T、R 换能器的连线通过裂缝，根据波幅、声时和主频的 ______，可以判定裂缝深度以及是否在所处断面内贯通。

5. 采用钻孔对测法检测裂缝深度时，随换能器位置的下移，______逐渐增大，当换能

器下移至某一位置后，______达到最大并基本稳定，该位置所对应的深度便是裂缝深度值。

6. 桩身混凝土缺陷可疑点可用__________法和__________法进行判断。

7. 当径向振动式换能器在预埋声测管中检测时，声时初读数由仪器、换能器及其高频电缆所产生的声时初读数、__________和__________________三部分组成。

8. 利用超声法进行不密实区和空洞检测时，测试范围除应大于怀疑的区域外，还应有________________进行对比，且对比测点数不应少于20。

9. 在被接收的脉冲波各频率成分的幅度分布中，幅度最大的频率值叫做__________。

10. 超声脉冲波在混凝土中传播时，随着传播距离的增大，由于散射、吸收和声束扩散等因素引起的声压减弱被称为________。

三、计算题

1. 利用超声平测法检测裂缝深度，测试数据如表2-18所示：

表2-18　利用超声平测法检测裂缝数据

测试项目	两个换能器内边缘之间距离(mm)							
	150	200	250	300	350	400	450	500
不跨缝声时值 t(μs)	54.9	67.8	79.2	91.5	103.0	115.8	127.8	139.9
跨缝声时值 t(μs)	98.0	120.6	126.0	131.0	144.4	154.6	160.9	171.0
计算缝深 h(mm)								

2. 某学校教学楼门厅冻伤深度检测。采用单面平测和穿透对测相结合的方法进行检测。按平测法绘制的"$t \sim l$"曲线查得的 $v_1 = 2.30$ km、2.90 km/s，相应的截距为 −15.0 mm、−21.0 mm；$v_2 = 4.0$ km、4.17 km/s，相应的截距为 −35.0 mm、−41.0 mm。采用穿透对测法对未受冻柱测得声速为4.01～4.18 km/s。试计算冻伤层的厚度。

3. 取常用的厚度振动式换能器一对，接于超声仪器上，将两个换能器的辐射面相互对准，以间距为50 mm、100 mm、150 mm、200 mm、250 mm、300 mm、350 mm、400 mm、450 mm、500 mm、550 mm，依次放置在空气中，在保持首波幅度一致的条件下，测得的各间距所对应的声时值为14.8 μs、30.0 μs、45.1 μs、58.3 μs、73.9 μs、89.1 μs、103.1 μs、117.9 μs、133.2 μs、149.9 μs、160.7 μs。同时测量空气的温度为28.5 ℃。试判断该超声仪是否符合校准合格状态。

四、简答题

1. 利用超声法检测构件裂缝时，为什么要求裂缝中不得有积水或泥浆？

2. 利用超声法检测混凝土结合面质量时，测点布置主要应注意哪几点？

3. 采用数字式超声仪手动测量声学参数有哪些要点？

附：习题库答案

第一节 水　泥

一、选择题

1. A　2. B　3. A　4. C　5. A　6. A　7. B　8. B　9. A　10. A

二、填空题

1. 45　600

2. 10

3. 化学指标　凝结时间

4. 抽取实物试样　生产者

5. 一样

6. 0.06%

7. 0.6%

8. ±1 g　3∶1　(2 400 ±200)N/s

9. 180 mm　0.01　水灰比　180 mm

10. 6 min　垂直　直径

第二节 砂、石

一、选择题

1. B　2. C　3. A　4. B　5. C　6. C　7. C　8. C　9. C　10. C

二、填空题

1. 云母、轻物质、硫化物及硫酸盐、有机物质

2. 连续粒级　抗压强度　压碎值

3. 颗粒级配　含泥量　泥块含量　针片状颗粒含量

4. 0.06%　0.02%

5. 全面检验

6. 10 min　每分钟　0.1%

7. 均匀分布　8 份　16 份

8. 分料器缩分　人工四分法　潮湿状态

9. 1.0%、1.5%、3.0%

10. 5%　10%　15%

第三节 砂 浆

一、选择题

1. B　2. C　3. A　4. B　5. C　6. B　7. A　8. C　9. B　10. A

二、填空题

1. 胶凝材料、细集料、掺加料和水
2. 0.1 MPa
3. 严禁使用
4. 1 800 kg/m^3
5. 5%　25%
6. 32.5 级　42.5 级
7. 20%　80%
8. 300 ~ 350 kg/m^3
9. (120 ± 5) mm
10. 温度(20 ± 3)℃、相对湿度 60% ~ 80%　温度(20 ± 3)℃、相对湿度 90% 以上

第四节 混凝土

一、选择题

1. C　2. C　3. C　4. B　5. C　6. B　7. B　8. C　9. B　10. B

二. 填空题

1. 混凝土结构截面最小尺寸　钢筋最小间距
2. 密实度　耐久性
3. 强度等级、和易性　特殊性
4. 混凝土拌和物和易性　混凝土的强度
5. 集料　调整
6. 连续级配　含泥量　泥块含量
7. 0.2 MPa
8. 活性较好的矿物掺合料
9. 0.315 mm　15%
10. 重量法　体积法

第五节 粉煤灰

一、选择题

1. C　2. C　3. A　4. B　5. B　6. C　7. C　8. B　9. A　10. A

二、填空题

1. 7∶3
2. 流动度标准样
3. 细度、需水量比、烧失量、含水量、三氧化硫、游离氧化钙、安定性、放射性、碱含量、

均匀性

4. 不大于12%　不大于95%

5. 减水

6. 200 t　10个　3 kg

7. GB/T 1596—2005 中表1

8. 4 000 ~6 000 Pa

9. GSB 14 -1510 强度检验用水泥标准样品　符合 GB/T 17671—1999 规定的0.5 ~ 1.0 mm中级砂　洁净的饮用水

10. 每批

第六节　外加剂

一、选择题

1. C　2. B　3. A　4. B　5. B　6. A　7. B　8. B　9. C　10. C

二、填空题

1. 基准水泥

2. 坍落度

3. 均质性　砂浆、混凝土

4. ≤0.1%

5. 压力泌水率比　坍落度保留值

6. 新拌砂浆法　硬化砂浆法

7. 预应力混凝土结构

8. 膨胀率　干缩落差

9. 饱和点低、流动度大、经济损失小

10. 1 kg/m^3

第七节　砖

一、选择题

1. A　2. B　3. A　4. B　5. C　6. B　7. C　8. C　9. B　10. A

二、填空题

1. 15

2. 允许

3. 小于100 mm　相反方向叠放

4. 20% ~80%

5. 雨淋　浸水

6. 5　优等品、一等品、合格品

7. 平均值—标准值　平均值—最小值　$f_k = f - 1.8s$

8. $\delta \leqslant 0.21$ 时　$\delta > 0.21$ 时

9. 3.5万~15万块　10 000块

10. 大于15%　35%以上

第八节　砌　块

一、选择题

1. B　2. B　3. A　4. A　5. A　6. C　7. B　8. A　9. C　10. C

二、填空题

1. 优等品　一等品　合格品
2. 10 000
3. 100 mm×100 mm×100 mm　100 mm×100 mm×400 mm
4. (0.2±0.05) kN/s
5. 算术平均值和单块最小值,0.1 MPa
6. 高度　宽度
7. 用塑料包装密封
8. 算术平均值　0.1 MPa
9. 不大于10 mm
10. 相同

第九节　瓦

一、选择题

1. A　2. C　3. B　4. A　5. C　6. A　7. B　8. A　9. B　10. C

一、填空题

1. 优等品　一等品　合格品
2. 不合格项目　一次
3. 实测平均值　10 N
4. (105±5)℃　10~25 ℃
5. 15~30 ℃　不小于40%
6. 25　融化
7. 25　15
8. 抗渗性能　承载力
9. 耐急冷急热性
10. 10 000~35 000　一批　可用于

第十节　钢　材

一、选择题

1. C　2. B　3. A　4. C　5. C　6. B　7. B　8. C　9. A　10. A

二、填空题

1. Ⅰ级或优于Ⅰ级
2. Ⅰ级　R235

3. $Lo = k(So)^{1/2}$　比例试样

4. 产生裂纹

5. 裂纹、结疤和折叠

6. 0.1 mm

7. 连续进行

8. 90°　两个

9. 两根

10. HRB335、HRB400、HRB500

第十一节　预应力钢材

一、选择题

1. C　2. A　3. B　4. B　5. C　6. B　7. A　8. A　9. C　10. A

二、填空题

1. 拴挂标牌　附有质量证明书

2. 光圆、螺旋肋、刻痕　P、H、I

3. 0.01 mm　两个垂直方向

4. 1×7

5. 索氏体化盘条

6. 折断、横裂和互相交叉

7. $Lo = 200$ mm 的断后伸长率

8. 3～5 min　1 min

9. 裂纹和油污，也不允许有影响使用的拉痕，机械损伤

10. 88%　85%

第十二节　涂料(腻子)

一、选择题

1. ABC　2. AB　3. C　4. A　5. ABD　6. ACDE　7. ABCDE　8. BB　9. AD　10. A

二、填空题

1. 50

2. (23±2)℃　(50±5)%

3. 粉煤灰

4. 对比率　刷涂

5. 聚酯膜

6. 洗衣粉

7. 48 h　24 h

8. 搅拌均匀

9. 3

10. 动态抗裂性

第十三节　沥　青

一、选择题

1. C　2. C　3. B　4. A　5. B　6. C　7. A　8. B　9. C　10. A

二、填空题

1. 整数
2. 1/10 mm
3. (5 ±1)℃
4. 针入度、延度、软化点
5. 零
6. 同一批出厂　类别、牌号相同
7. 9.5 mm　(3.50 ±0.05)g
8. 1 ℃
9. 越小　越软
10. 分类

第十四节　防水材料

一、选择题

1. B　2. A　3. A　4. B　5. ACD　6. B　7. ABC　8. A　9. C　10. ABCD

二、填空题

1. 聚酯胎　玻纤胎
2. (23 ±2)℃　(60 ±15)%
3. 立放　2
4. 上表面　下表面　下表面
5. 合格
6. 10 000
7. 150 mm ×150 mm
8. 拉伸性能
9. 10
10. 不合格

第十五节　建筑石灰

一、选择题

1. A　2. C　3. A　4. C　5. B　6. B　7. C　8. A　9. B　10. C

二、填空题

1. 纯蓝色
2. 优等品、一等品和合格品
3. 5%

4. 磺基水杨酸钠
5. 分析纯和优级纯
6. 天平　砝码
7. 三乙醇胺、酒石酸钾钠
8. 100～105 ℃
9. 25　2 kg　4 kg
10. 分类　分等

第十六节　陶瓷砖

一、选择题

1. ABC　2. B　3. B　4. B　5. A　6. ABCD　7. B　8. D　9. C　10. C

二、填空题

1. 计数　计量
2. 煮沸法　真空法
3. 煮沸法
4. 浸没试验
5. 非浸没试验
6. 挤压砖、干压砖
7. 陶瓷砖
8. 非浸没试验
9. 5
10. 计数检验方法和计量检验方法

第十七节　饰面砖粘结强度检测

一、选择题

1. A　2. B　3. B　4. C　5. B　6. C　7. C　8. A　9. A　10. B

二、填空题

1. 95 mm×45 mm　40 mm×40 mm
2. 1　3　1
3. 随机抽取　500 mm
4. 24　48　72
5. 垂直
6. 一　维修、检定
7. 重新抽取双倍试样
8. 不合格
9. 合格
10. 饰面砖与粘结层界面

第十八节　混凝土和钢筋混凝土排水管

一、选择题

1. C　2. B　3. C　4. C　5. B　6. C　7. B　8. C　9. B　10. A

二、填空题

1. 0. 06 MPa　0. 10 MPa　0. 10 MPa

2. 优等品　一等品　合格品

3. 漏浆

4. 5%　流淌

5. 外压荷载

6. 6　3　3

7. 0. 06 MPa　10 min

8. 10%　3 min

9. 两　硬质木梁

10. 残余空气

第十九节　PVC 水管

一、选择题

1. B　2. C　3. A　4. C　5. B　6. A　7. C　8. B　9. A　10. C

二、填空题

1. 10 ±5

2. 5 ±1

3. 100 ±10　25 ±2. 5

4. 23 ±2

5. 23 ±2

6. 50

7. (50 ±1)N　1

8. 2. 4　2. 4

9. 40

10. 250　1 000

第二十节　化学分析(水泥、钢材、水)

一、选择题

1. B　2. C　3. B　4. B　5. A　6. C　7. C　8. B　9. A　10. B

二、填空题

1. 带细口的玻璃瓶　聚乙烯塑料瓶

2. 石蜡　火漆

3. 低色度

4. 氯化镁

5. 硫酸钡分解

6. 99.5%(m/m)

7. 810 nm

8. 两次　两次试验平均值

9. 一周

10. 0.5%

第二十一节　土工合成材料

一、选择题

1. C　2. B　3. B　4. C　5. B　6. A　7. B　8. B　9. B　10. A

二、填空题

1. 同一方向(经向或纬向;纵向或横向)　垂直

2. 5

3. 每单位宽度　kN/m

4. 300

5. 短边,15

6. 12

7. 较大面积的试样

8. 20 ±2　65 ±5

9. 无破损　原封不动状　头两层

10. 220 mm　(200 ±1)mm

第二十二节　土　工

一、选择题

1. C　2. A　3. A　4. B　5. B　6. B　7. C　8. B　9. A　10. A　11. C　12. A　13. A　14. C　15. B

二、填空题

1. 105 ~110 ℃

2. 0.5　2.0

3. 2.0

4. 1%

5. 700

6. 风干含水率

7. 3 组

8. 大于等于 0.97

9. 含水率　密度　比重

10. 100

11. 3　25

12. $(\frac{m-md}{md})\times 100\%$

13. 饱和

14. 蜡封

15. 50%

第二十三节　沥青混合料

一、选择题

1. A　2. A　3. B　4. B　5. B　6. B　7. A　8. B　9. B　10. B

二、填空题

1. 击实法　轮碾法　静压法

2. 26.5　4

3. 表干法　水中重法　蜡封法　体积法

4. (101.6 ±0.2)mm　(63.5 ±1.3)mm　(152.4 ±0.2)mm　(95.3 ±2.5)mm

5. 30 ~40 min　45 ~60 min　5

6. 48

7. 大于 3%

8. (100 ±2)mm,(100 ±2)mm

9. 0.3%　0.3%　0.5%　0.5%

10. 矿料的间隙率　沥青混合料空隙率

第二十四节　混凝土路面砖、路缘石

一、选择题

1. A　2. A　3. B　4. A　5. B　6. B　7. B　8. A　9. A　10. A

二、填空题

1. 普通形　联锁形

2. 5 mm

3. 10　5

4. 路面砖的边长与厚度的比值

5. 20 000

6. 5

7. 20 000

8. 13　3

9. 1 mm

10. 20 mm　50 mm　HB200

第二十五节　无机结合料检测

一、选择题

1. C　2. A　3. B　4. B　5. C　6. A　7. B　8. A　9. B　10. C

二、填空题

1. 半刚性材料

2. 应力－应变关系　疲劳特性　收缩(湿缩、干缩)

3. 石灰质量占全部土颗粒干质量

4. 石灰、粉煤灰

5. 6 d

6. 透层油

7. 静力压实法

8. 承载板法　顶面法

9. EDTA 滴定法　直读式测钙仪法

10. EDTA 二钠

第二十六节　道路现场检测

一、选择题

1. A　2. B　3. B　4. C　5. C　6. A　7. D　8. C　9. B　10. D　11. A　12. B　13. A

二、填空题

1. 3 m 直尺法　连续式平整度仪法　车载颠簸累积仪法

2. 单尺测定最大间隙　等距离连续测定

3. 标准差

4. 越小

5. 0.4 mm

6. 弯拉(或劈裂)

7. 毛体积密度　标准密度

8. 平均值

9. $\phi100$　$\phi150$

10. 不能

11. 松散性材料

12. 最大回弹弯沉值　综合承载能力

13. 10 t　BZZ－100　6t　BZZ－60

14. 宏观粗糙度　抗滑性能

15. 平均值　标准差　变异系数　0

16. 水中重法　表干法　蜡封法　体积法

17. 最大间隙 h(mm)　标准差 δ(mm)

18. 大幅降低　沥青混合料级配组成

第二十七节　混凝土构件

一、选择题

1. C　2. A　3. A　4. A　5. C　6. B　7. B　8. C　9. A　10. B

二、填空题

1. 挠度　抗裂　承载力

2. 挠度　承载力　裂缝宽度

3. 按同一工艺正常生产的不超过 1 000 件且不超过 3 个月的同类型的产品

4. 同一钢种　同一混凝土强度等级　同一生产工艺　同一结构形式的构件

5. 两个试件

6. 两个试件的全部检验结果均符合第二次验检的要求　第一个试件的全部检验结果

7. 三项　某一项检验项目达到第二次抽样检验指标

8. 承载力极限状态　正常使用极限状态

9. 正常使用极限状态　承载力

10. 本级与前一级荷载的平均值　本级荷载

第二十八节　环境和放射性检测

一、选择题

1. A　2. A　3. B　4. B　5. A　6. A　7. B　8. A　9. A　10. A

二、填空题

1. 游离甲醛含量　游离甲醛释放量

2. 底层地面抗开裂

3. A

4. 表面涂覆密封

5. 不同产品　不同批次

6. 2

7. 电离室法　静电收集法　闪烁瓶法

8. 1

9. 平均值

10. 建筑材料　装修材料

第二十九节　门窗物理性能检测

一、选择题

1. B　2. A　3. C　4. B　5. A　6. A　7. B　8. C　9. B　10. A

二、填空题

1. 500　100　3

2. 5　损坏　功能障碍

3. 气密性能　水密性能　抗风压性能

4. 位移值　距离

5. 不利级别　正、负压

6. 不是

7. 稳定加压　波动加压

8. 0.1

9. 工程检测

10. 定级检测

第三十节　幕　墙

一、选择题

1. B　2. C　3. B　4. C　5. A　6. C　7. B　8. C　9. A　10. B

二、填空题

1. 相容性　粘接

2. 一

3. 中点　10

4. 安全检测

5. 一

6. 稳定　波动　10

7. 100

8. 48 ±2　21

9. (1 800 ±50) N/min

10. (20 ±2)　48

第三十一节　建筑节能

一、选择题

1. D　2. D　3. A　4. B　5. A　6. D　7. D　8. D　9. C　10. C

二、填空题

1. 保温层　保护层

2. 0.1 MPa　保温层内

3. 100 mm

4. 6

5. 5%，3 樘

6. 气密性

7. 18 ~22 ℃　0.1 K

8. 十，一

9. 25 年

10. ≤ -40 ℃，3 min

第三十二节　电气检测

一、选择题

1. C　2. A　3. B　4. C　5. B　6. A　7. C　8. B　9. C　10. A

二、填空题

1. 绝缘电阻　绝缘直流耐压　直流泄漏
2. 绝缘电阻　电导电流　工频放电
3. 10 Ω,5 MΩ
4. 对地或对金属　绝缘电阻
5. 接地电阻测量仪　电流电压表法
6. 判断绝缘状况　是否投入运行
7. 2 MΩ　0.5 mm^2　0.6 mm　2 MΩ
8. 交流 1 kV 及以下、直流 1.5 kV 及以下　交流 1 kV、直流 1.5 kV
9. 1%
10. 5 MΩ

第三十三节　高强度螺栓检测

一、选择题

1. C　2. A　3. B　4. A　5. C　6. C　7. B　8. B　9. C　10. A

二、填空题

1. 2～3 扣　10%　1 扣或 4 扣
2. 一个螺栓　一个螺母　二个垫圈
3. 1 h 后,48 h 内　10%,且不应少于 10 个　10%,且不应少于 2 个
4. 杆部或螺纹　螺头与杆部
5. 2%
6. 扭矩法和转角法　相同
7. 0.110～0.150　≤0.010
8. 退回 60°左右　在 10%以内为合格
9. 摩擦面的抗滑移系数　摩擦面抗滑移系数
10. 1.0d(d 为螺栓直径)

第三十四节　预应力锚具

一、选择题

1. A　2. B　3. C　4. A　5. A　6. B　7. C　8. B　9. A　10. A

二、填空题

1. 破断
2. 锚具
3. 夹具

4. 擦拭干净

5. 分级

6. 2%

7. 2 ~ 5 mm

8. 站人

9. 20 mm

10. 水分

第三十五节 焊缝超声波探伤

一、选择题

1. C　2. B　3. C　4. A　5. A　6. B　7. C　8. C　9. A　10. B

二、填空题

1. 超声波法　射线法　磁粉法

2. 三个月

3. A、B、C　C　A

4. 150 mm/s　10%

5. 2 点

6. 4 h　检验

7. 5 mm　两缺陷指示长度之和

8. 超声波探伤　射线探伤

9. 200 mm　200 mm　200 mm

10. 随机抽检 3%　3 处

第三十六节 砌体工程现场检测

一、选择题

1. A　2. C　3. C　4. A　5. C　6. B　7. A　8. B　9. C　10. B

二、填空题

1. 240 mm 普通砖　抗压

2. 7

3. 1　1.5

4. 结构　结构　6　6　6　每个构件

5. 10%

6. 现浇钢筋混凝土

7. 顺　水平

8. 两

9. 1.5 m

10. 6　6

第三十七节　混凝土中钢筋检测

一、选择题

1. A　2. C　3. B　4. A　5. B　6. C　7. A　8. B　9. C　10. B

二、填空题

1. 不适用
2. 金属预埋件
3. 100 mm　接头及绑丝
4. 电压仪　导线
5. 浸湿　电通路
6. 刚性管　铜棒　多孔塞
7. 金属物体
8. 量程　直径
9. 矩阵式　100 mm×100 mm～500 mm×500 mm
10. 小于 10 mV

第三十八节　桩基静载荷试验

一、选择题

1. B　2. C　3. B　4. C　5. B　6. A　7. C　8. A　9. C　10. B

二、填空题

1. 设计　工程验收
2. 1%　3　2
3. 单桩承载力特征值
4. 0.1%FS　0.01 mm
5. 慢速维持荷载法
6. 极限承载力统计值的一半
7. 1.5
8. 水平临界荷载统计值
9. 4(3)D且大于 2.0 m
10. 资质

第三十九节　桩基高、低应变法检测

一、选择题

1. B　2. A　3. B　4. C　5. C　6. C　7. A　8. C　9. B　10. A

二、填空题

1. 钻芯法、低应变法、高应变法、声波透射法
2. 应力波
3. 有桩底反射、$2L/C$ 时刻前无缺陷反射波

4. 5 ms
5. 现场实测经验　可靠对比验证资料
6. 中小
7. 30%
8. 均匀　铸铁或铸钢制作
9. mV/cm/s　PC/g
10. 上行的压缩波　上行的拉伸波

第四十节　混凝土桩钻心法检测

一、选择题

1. A　2. B　3. C　4. C　5. B　6. A　7. B　8. B　9. B　10. A

二、填空题

1. 790　4　1.5
2. 1　2　3
3. 10 ~ 15 cm, 0.15 ~ 0.25D
4. 回次数　块号　本回次总块数
5. 0.5 ~ 1.0　封存
6. 1 倍桩径　1 m　1 倍桩径　1 m
7. 粗集料最大粒径　强度值异常
8. 28　同条件养护试块
9. 桩底沉渣　桩端持力层　桩长
10. 0.95 ~ 1.05　±2　±0.1　2

第四十一节　天然、复合地基载荷试验

一、选择题

1. A　2. B　3. B　4. B　5. C　6. C　7. B　8. C　9. C　10. A

二、填空题

1. 28
2. 28　0.5　3
3. 28　0.5% ~ 1%　3
4. 单桩　多桩
5. 3　1.5
6. 30　60　0.1
7. 6　2
8. 3　极差　平均值
9. 0.008　0.01
10. 一半　30　180

第四十二节　植筋和锚栓检测

一、选择题

1. A　2. C　3. C　4. B　5. D　6. D　7. C　8. B　9. B　10. A

二、填空题

1. 钢筋混凝土结构构件　素混凝土　纵向受力钢筋

2. 普通混凝土承重　轻质混凝土　严重风化

3. 同品种、同规格、同强度等级　锚固件中进行

4. 20%　5　10%　7%　4%　3%

5. 50%　5

6. 1%　3

7. 5 min　5%

8. 2 ~3 min　2 ~7 min

9. 2 ~3 min　2 min

10. 1. 15　1. 3

第四十三节　贯入法检测砂浆强度

一、选择题

1. A　2. C　3. A　4. A　5. B　6. A　7. A　8. A　9. B　10. C

二、填空题

1. 16　水平　2

2. 30　6

3. 贯入深度测量表　不平整度

4. 作废　另选测点补测

5. 平均值　最小值/0. 75

6. 3　3

7. 检测误差验证

8. 28 d 或 28 d 以上

9. 重新选用新的测钉

10. 一年

第四十四节　回弹法检测混凝土强度

一、选择题

1. B　2. A　3. C　4. A　5. A　6. B　7. A　8. A　9. B　10. B

二、填空题

1. 2. 0

2. >4. 5　>5. 5

3. 5　平均值

4. 1.645

5. 6 000

6. 0　80 ±2

7. 率定

8. 22.3

9. <10.0 MPa

10. 角度　浇筑面

第四十五节　钻芯法检测混凝土强度

一、选择题

1. B　2. A　3. B　4. A、B　5. B　6. B　7. A　8. A　9. B　10. B

二、填空题

1. 150 mm 的立方体试块

2. 1

3. 推定区间

4. 80

5. 总体修正量　局部修正量　一一对应修正系数

6. 3　增加

7. 转动钢板尺　塞尺

8. 3 d　40 ~48 h

9. 31.4 MPa

10. 硫磺胶泥

第四十六节　超声回弹综合法检测混凝土强度

一、选择题

1. B　2. B　3. C　4. C　5. A　6. B　7. A　8. C　9. A　10. B

二、填空题

1. 30　10

2. >4.5　>6.5

3. 50

4. 时—距

5. 高　低

6. 高

7. 专用

8. 1.0 mm　±1%

9. 角测　平测

10. 结构或构件测区混凝土抗压强度换算值的平均值减去 1.645 倍的方差

第四十七节　超声法检测混凝土缺陷

一、选择题

1. B　2. A　3. A　4. B　5. A　6. C　7. B　8. A　9. B　10. A

二、填空题

1. 传播速度　首波幅度　主频率
2. 厚度　径向
3. 发射电压　采样频率
4. 突变
5. 波幅　波幅
6. 概率　斜率
7. 声测管管壁　声测管内边与换能器外边间的水体
8. 同条件的正常混凝土
9. 主频
10. 衰减

第二部分　基础知识

第三章　材料的性质

第一节　材料的物理性质

一、材料的密度、表观密度与堆积密度

（一）密度

材料在绝对密实状态下（不包含孔隙）单位体积的质量称为材料的密度。用公式表示如下：

$$\rho = \frac{m}{V} \tag{3-1}$$

式中　ρ——材料的密度，g/cm^3 或 kg/m^3；

m——材料在干燥状态下的质量，g 或 kg；

V——干燥材料在绝对密实状态下的体积，cm^3 或 m^3。

（二）表观密度

材料在自然状态下（包含内部孔隙但不包括空隙的体积）单位体积的质量称为材料的表观密度。用公式表示为：

$$\rho_0 = \frac{m}{V_0} \tag{3-2}$$

式中　ρ_0——材料的表观密度，g/cm^3 或 kg/m^3；

m——材料的质量，g 或 kg；

V_0——材料在自然状态下的体积，cm^3 或 m^3。

对于外形规则的材料，表观密度的测定比较简便，只要测出材料的质量和体积（可用尺量测），即可算得。不规则材料的体积可采用排水法求得。

材料表观密度的大小与其含水情况有关。当材料含水时，其质量和体积将有所变化，故测定表观密度时，须注明含水情况。通常，材料的表观密度是指气干状态下的表观密度。材料在烘干状态下的表观密度称干表观密度。

（三）堆积密度

散粒材料在自然堆积状态下单位体积的质量称为堆积密度，也称松散容重，用公式表示如下：

$$\rho'_0 = \frac{m}{V'_0} \tag{3-3}$$

式中　ρ'_0——散粒材料的堆积密度，g/cm³ 或 kg/m³；

m——散粒材料的质量，g 或 kg；

V'_0——散粒材料在自然堆积状态下的体积，cm³ 或 m³。

散粒材料在自然堆积状态下的体积，是指既含颗粒内部的孔隙，又含颗粒之间空隙在内的总体积。测定散粒材料的体积可通过已标定容积的容器计量而得，如测定砂子、石子的堆积密度。若以捣实体积计算时，则称紧密堆积密度。

常用建筑材料的密度、表观密度及堆积密度见表 3-1。

表 3-1　常用建筑材料的密度、表观密度及堆积密度

常用建筑材料	密度（g/cm³）	表观密度（kg/m³）	堆积密度（kg/m³）
水泥	3.0～3.1	1 300～1 600	1 000～1 300
砂子		2 500～2 600	1 300～1 600
碎石		2 500～2 600	1 400～1 700
粉煤灰		2 200～2 800	900～1 100
硅粉	2.2	2 200～2 500	200～300
磨细矿渣粉		2 800～3 100	600～900
木材	1.55～1.60	400～800	
粘土	2.5～2.7		1 100～1 400
砂土		2 000	1 200～1 300
烧结普通砖	2.5～2.6		1 600～1 800
烧结多孔砖			1 300～1 500
钢材	7.85	7 850	
普通混凝土		2 300～2 500	
轻集料混凝土		800～1 950	
加气混凝土		550～750	
泡沫混凝土		400～600	
沥青混凝土		1 800～2 100	
混合砂浆		1 800～2 000	
膨胀珍珠岩砂浆		700～1 000	

二、材料的孔隙率与空隙率

(一)孔隙率

材料内部孔隙的体积占材料总体积的百分率,称为材料的孔隙率 P_0,用公式表示如下:

$$P_0 = \frac{V_0 - V}{V} \times 100\% = (1 - \frac{\rho_0}{\rho}) \times 100\% \tag{3-4}$$

式中 P_0——材料的孔隙率。

材料孔隙率的大小直接反映材料的密实程度,孔隙率大,则密实度小。孔隙率相同的材料,它们的孔隙构造可以不同。按孔隙的尺寸大小,又可分极细孔隙(直径在 $n \cdot 10^{-7} \sim n \cdot 10^{-4}$ mm 之间)、毛细管孔隙(直径在 $n \cdot 10^{-4} \sim n$ mm 之间)和粗大孔隙(直径大于 n mm)。

(二)空隙率

散粒材料(如砂子、石子)堆积体积 V_0'中,颗粒间空隙体积所占的百分率称为空隙率 P_0',用公式表示如下:

$$P'_0 = \frac{V_0' - V_0}{V_0} \times 100\% = (1 - \frac{\rho_0'}{\rho_0}) \times 100\% \tag{3-5}$$

在配制混凝土时,砂、石子的空隙率是控制混凝土中集料级配与计算混凝土含砂率的重要依据。

三、材料的吸水性、耐水性和抗渗性

(一)吸水性

材料吸收水分的性质称为吸水性。

由于材料有开口孔隙和吸水性,材料中常含有水分。材料中所含水分的多少常以含水率表示。含水率为材料中所含水重与材料干燥重的百分比。

干的材料在空气中吸收水分逐渐变湿;湿的材料在空气中能失去水分逐渐变干,最终将使材料中的水分与周围空气的湿度达到平衡,这时的材料处于气干状态。材料在气干状态时的含水率,称为平衡含水率。平衡含水率随着温度、湿度的变化而改变。

材料吸水达到饱和状态时的含水率,称为材料的吸水率。

重量吸水率用公式表示如下:

$$W = \frac{m_2 - m_1}{m_1} \times 100\% \tag{3-6}$$

式中 W——重量吸水率,%;

m_1——材料在干燥状态下的重量,g;

m_2——材料在浸水饱和状态下的重量,g。

体积吸水率用公式表示如下:

$$W_0 = \frac{m_2 - m_1}{V_0} \times \frac{1}{\rho_{水}} \times 100\% \tag{3-7}$$

式中　W_0——体积吸水率，%；

V_0——材料在自然状态下的体积，cm^3；

$\rho_{水}$——水的密度，g/cm^3，在常温下取 $\rho_{水}=1\ g/cm^3$。

一般提到的吸水率，如未加说明，均指重量吸水率。

（二）材料的耐水性

材料长期在水作用下不破坏，强度也不显著降低的性质称为耐水性。材料的耐水性用软化系数表示，计算公式如下：

$$K_f = \frac{f_{饱}}{f_{干}} \tag{3-8}$$

式中　K_f——材料的软化系数；

$f_{饱}$——材料在饱和水状态下的抗压强度，MPa；

$f_{干}$——材料在干燥状态下的抗压强度，MPa。

K_f 的大小表明材料在浸水饱和后强度降低的程度。一般来说，材料含水分时，强度都要有所降低。K_f 愈小，表示材料吸水后强度下降愈大，即耐水性愈差。不同材料的 K_f 相差颇大，例如，粘土 $K_f=0$，金属 $K_f=1$。工程中将 $K_f>0.85$ 的材料，称为耐水性材料。在设计长期处于水中或潮湿环境中的重要结构时，必须选用 $K_f>0.85$ 的建筑材料。对用于受潮较轻或次要结构物的建筑材料，其 K_f 值不宜小于 0.75。

（三）材料的抗渗性

材料抵抗压力水渗透的性质称为抗渗性或不透水性。材料的抗渗性通常用渗透系数表示。渗透系数的物理意义是：一定厚度的材料，在一定水压力下，单位时间内透过单位面积的水量，用公式表示如下：

$$K_s = \frac{Qd}{AtH} \tag{3-9}$$

式中　K_s——材料的渗透系数，cm/s；

Q——渗透水量，cm^3；

d——材料的厚度，cm；

A——渗水面积，cm^2；

t——渗水时间，h；

H——水头差，cm。

K_s 值越大，表示材料渗透的水量越多，即抗渗性越差。

材料的抗渗性也可用抗渗标号表示。抗渗标号是用规定的试件、在标准试验方法下所能承受的最大水压力来确定的，以符号 P_n 表示，其中 n 为该材料所能承受的最大水压力的 $\frac{1}{10}$ MPa 数，如 P_4、P_6、P_8 等分别表示材料能承受 0.4 MPa、0.6 MPa、0.8 MPa 的水压而不渗水。

抗渗性是检验材料的耐久性和防水性能的重要指标。

四、材料的抗冻性与导热性

（一）材料的抗冻性

材料在水饱和状态下，经受多次冻融循环作用而不破坏，也不严重降低强度的性质，称为材料的抗冻性。

材料的抗冻性用抗冻标号表示。抗冻标号是用规定的试件,在规定试验条件下,测得其强度降低不超过规定值,并无明显损坏和剥落时所能经受的冻融循环次数,以此作为抗冻标号,用符号 F_n 表示,其中 n 即为最大冻融循环次数,如 F_{25}、F_{50} 等。

材料抗冻性好坏,取决于材料吸水饱和程度、孔隙特征和抵抗结冰应力的能力。如果孔隙充水不多,远未达到饱和,有足够的自由空间,即使受冻,也不致产生结冰应力。极细孔隙,虽然能充满水分,可是孔壁对水的吸附力极大,冰点很低,一般负温下水不会结冰;粗大孔隙,水分不能充满其中;闭口孔隙,一般情况下水分不能渗入,对冰冻破坏起缓冲作用。毛细管孔隙,既易充满水分,又能结冰,所以对材料的冰冻破坏作用影响很大。材料的变形能力大,强度高,软化系数大,则抗冻性较高。一般认为软化系数小于 0.80 的材料,其抗冻性较差。

(二)材料的导热性

当材料两侧存在温差时,热量将由温度高的一侧,通过材料传递到温度低的一侧,材料的这种传导热量的能力,称为导热性。

材料的导热性可用导热系数来表示。导热系数的物理意义是:厚度为 1 m 的材料,当温度每改变 1 K 时,在 1 h 时间内通过 1 m^2 面积的热量。用公式表示如下:

$$\lambda = \frac{Q \cdot \alpha}{(t_1 - t_2)A \cdot Z} \tag{3-10}$$

式中 λ——材料的导热系数,W/(m·K);

Q——传导的热量,J;

α——材料的厚度,m;

A——材料传热的面积,m^2;

Z——传热时间,h;

$t_1 - t_2$——材料两侧温度差,K。

材料的导热系数越小,表示其绝热性能越好。工程中通常把 $\lambda < 0.23$ W/(m·K)的材料称为绝热材料。主要建筑材料的比热和导热系数见表 3-2。

表 3-2 主要建筑材料的比热和导热系数

主要建筑材料名称	比热(J/(g·K))	导热系数(W/(m·K))
钢材	0.48	58
花岗岩	0.92	3.49
普通混凝土	0.84	1.51
烧结粘土砖	0.88	0.80
木材	2.50	26
水	4.19	0.58
泡沫塑料	1.30	0.035

第二节　材料的力学性质

一、材料的强度

(一)强度

材料在外力(荷载)作用下抵抗破坏的能力,称为材料的强度。

根据外力作用形式的不同,材料的强度有抗压强度、抗拉强度、抗弯强度及抗剪强度等,如图3-1所示。

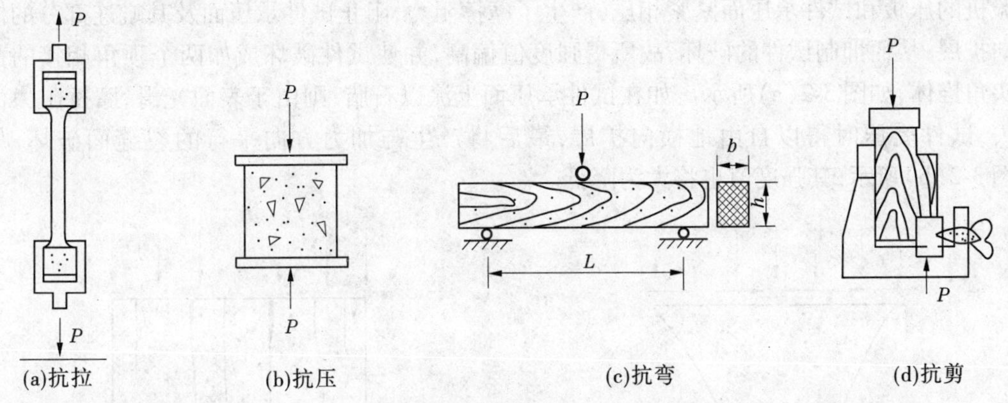

(a)抗拉　(b)抗压　(c)抗弯　(d)抗剪

图3-1　材料受外力作用示意图

材料的强度是通过标准试件的破坏试验测得的,这种测试强度远低于材料的理论强度。材料的抗压强度、抗拉强度和抗剪强度的计算公式如下:

$$f = \frac{P}{A} \tag{3-11}$$

式中　f——材料的极限强度(抗压、抗拉和抗剪),N/mm²;

P——试件破坏时的最大荷载,N;

A——试件受力面积,mm²。

材料的抗弯强度与试件的几何外形及荷载施加的情况有关。对于矩形截面的棱柱形试件,当在试件两支点间的中间作用一集中荷载时,其抗弯极限强度计算公式如下:

$$f_{弯} = \frac{3PL}{2bh^2} \tag{3-12}$$

当在试件两支点间的三分点处作用两个相等的集中荷载时,则其抗弯强度的计算公式如下:

$$f_{弯} = \frac{PL}{bh^2} \tag{3-13}$$

以上两式中　$f_{弯}$——材料的抗弯极限强度,N/mm²;

P——试件破坏时的最大荷载,N;

L——试件两支点间的距离,mm;

b、h——试件截面的宽度和高度,mm。

材料的强度主要取决于材料的成分、结构及构造。不同种类的材料,其强度不同;即使是同类材料,由于结构或构造不同,其强度也会有很大的差异。疏松及孔隙率较大的材料,其质点间的联结较弱、受力的有效面积减小及孔隙附近的应力集中,故强度较低。某些具有层状或纤维状构造的材料,其组成成分按一定方向排列,这种材料在不同方向受力时所表现的强度也不同,即所谓各向异性。对于结晶材料,一般说来,细晶结构较粗晶结构的强度要高。

材料强度的试验结果与试验时的条件有关。试验时所用试件的表面状态、形状、尺寸及装置情况等对试验结果都有一定的影响。如以混凝土抗压试验为例,当试件受压时,试验机的压板和试件承压面紧紧相压,产生了摩擦阻力,阻止试件承压面及其毗连部分的横向扩展,从而抑制试件的破坏,故所得强度值偏高,并使试件破坏成如两个顶角相接的截头角锥体,如图 3-2(a)所示。如在试件承压面上涂以石腊,则由于表面光滑,摩擦阻力消失,试件受压时得以自由地横向扩展,最后将产生与加力方向平行的裂缝而破坏,如图 3-2(b)所示,其强度值也将大为降低。

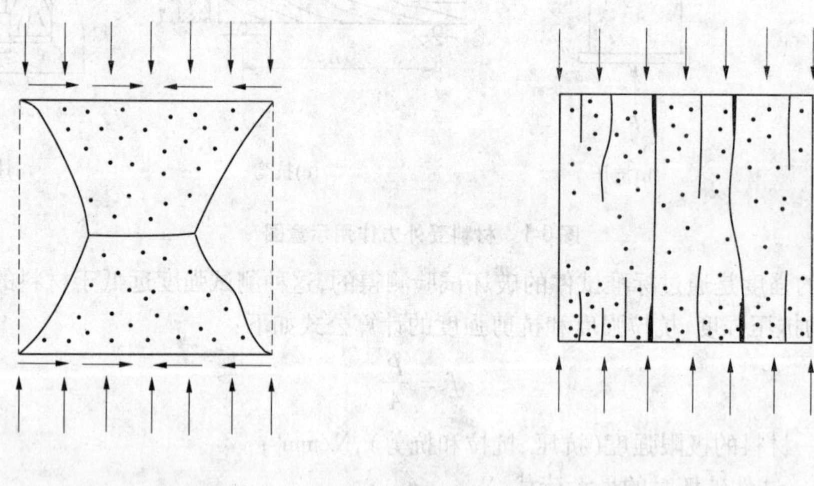

(a)有摩擦阻力影响　　(b)无摩擦阻力影响

图 3-2　立方体试件受压被坏的特征

就立方体试件来说,小试件的抗压强度又高于大试件的抗压强度。试验时,如采用棱柱体(高度为边长的 2 ~ 3 倍)或高度大于直径的圆柱体试件,其抗压强度值要比立方体试件小。出现这种现象,是因为棱柱体试件的中间部分距离承压面较远,比立方体试件受抑制试件破坏的摩擦阻力影响较小,故强度较低。

试验时的加荷速度也影响到所测强度值的大小。材料的破坏是在变形达到一定程度时发生的,当加荷速度较快时,材料变形的增长落后于荷载的增长,故破坏时的强度值较高,反之,则强度值较低。

材料的强度与试验时的温度也有关,一般说,温度升高强度将降低。如沥青混凝土受温度的影响特别显著,在 20 ℃时,抗压强度为 2 ~ 5 MPa,但当温度升至 50 ℃时,抗压强度只有 0.8 ~ 1.5 MPa。

材料的强度,还与材料的含水状态有关。一般含有水分的材料,其强度较干燥时的强度为低。

由此可知,材料的强度是在特定条件下测定的数值。为了使试验结果准确,且具有可比性,各国都制定了统一的材料试验标准,在测定材料强度时,必须严格按照规定的试验方法进行。材料的强度是大多数材料划分等级的依据。

由破坏荷载计算混凝土抗压强度、抗折强度、砂浆抗压强度和水泥抗压强度可采用简易计算公式计算,见表 3-3。

表 3-3 混凝土、砂浆、水泥强度的简易计算公式

项目	试件尺寸(mm)	简易计算公式
混凝土抗压强度	150×150×150	f=0.044 4P(或 P/22.5)
混凝土抗折强度	150×150×150	f=0.133P(或 P/7.52)
砂浆抗压强度	7.07×7.07×7.07	f=0.20P(或 P/5.00)
水泥抗压强度	40×40×160	f=0.625P(或 P/1.60)

注:表中 f 为强度,Pa;P 为破坏荷载,kN。

(二)等级

建筑材料常按其强度值的大小划分若干等级或标号。如烧结普通砖按抗压强度分为五个等级,硅酸盐水泥按抗压和抗折强度分为六个等级等。

二、材料的弹性模量

材料在外力作用下产生变形,当外力去除后能完全恢复到原始形状的性质称为弹性。材料的这种可恢复的变形称为弹性变形,弹性变形属可逆变形,其数值大小与外力成正比,这时的比例系数 E 称为材料的弹性模量。

材料在弹性变形范围内,E 为常数,其值可用应力 σ 与应变 ε 之比表示,即

$$E = \frac{\sigma}{\varepsilon} = 常数 \tag{3-14}$$

弹性模量是衡量材料抵抗变形能力的一个指标。E 值越大,材料越不易变形,亦即刚度好。

材料在外力作用下产生变形,当外力去除后,有一部分变形不能恢复,这种性质称为材料的塑性,这种不能恢复的变形称为塑性变形。塑形变形为不可逆变形。

实际上纯弹性变形的材料是没有的,通常一些材料在受力不大时,表现为弹性变形,而当外力达到一定值时,则呈现塑性变形,如低碳钢就是这种材料。另外,许多材料在受力时,弹性变形和塑性变形同时发生,当外力取消后,弹性变形会恢复,而塑性变形不能消失。混凝土就是这类材料的代表。弹塑性材料的变形曲线如图 3-3 所示,图中 ab 为可恢复的弹性变形,

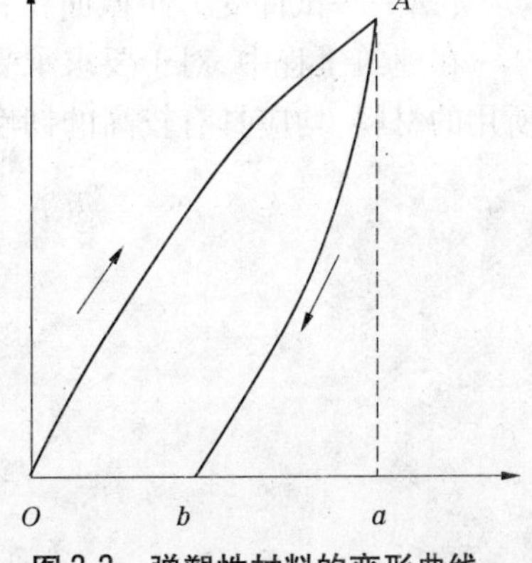

图 3-3 弹塑性材料的变形曲线

bO 为不可恢复的塑形变形。

常用材料弹性模量及泊松比见表 3-4。

表 3-4　常用材料弹性模量及泊松比

材料名称	弹性模量 E (10^5 MPa)	泊松比 μ
低碳钢	1.96 ~ 2.16	0.24 ~ 0.28
中碳钢	2.05	0.24 ~ 0.28
低合金钢	1.96 ~ 2.16	0.25 ~ 0.30
合金钢	1.86 ~ 2.16	0.25 ~ 0.30
铸铁	0.59 ~ 1.62	0.23 ~ 0.27
铝合金	0.71	0.32 ~ 0.36
混凝土	0.15 ~ 0.35	0.16 ~ 0.18
木材	0.098 ~ 0.12	

三、材料的脆性与韧性

材料受外力作用，当外力达到一定值时，材料发生突然破坏，且破坏时无明显的塑性变形，这种性质称为脆性，具有这种性质的材料称为脆性材料。脆性材料不能承受振动和冲击荷载，也不宜用做受拉构件，只适于用做承压构件。

材料在冲击或振动荷载作用下，能吸收较大的能量，同时产生较大的变形而不破坏，这种性质称为韧性。材料的韧性用冲击韧性指标 α_k 表示。冲击韧性指标是指带缺口的试件做冲击破坏试验时，断口处单位面积所吸收的功，计算公式如下：

$$\alpha_k = \frac{A_k}{A} \tag{3-15}$$

式中　α_k——材料的冲击韧性指标，J/mm²；

A_k——试件破坏时所消耗的功，J；

A——试件受力净截面积，mm²；

在建筑工程中，对于要求承受冲击荷载和有抗震要求的结构，如吊车梁、桥梁、路面等所用的材料，均应具有较高的韧性。

第四章　法定计量单位

第一节　计量单位的构成

一、国际单位制(SI)计量单位

(一)SI 构成

SI 的构成见图 4-1。

国际单位制(SI)
- SI 单位
  - SI 基本单位
  - SI 导出单位,其中 21 个有专门的名称和符号
- SI 词头(10^{24} ~ 10^{-24},共 20 个)
- SI 单位的倍数和分数单位

图 4-1　SI 的构成

(二)SI 基本单位

SI 选择了长度、质量、时间、电流、热力学温度、物质的量和发光强度等 7 个基本量,并给基本单位规定了严格的定义。SI 基本单位是 SI 的基础,其名称和符号见表 4-1。

表 4-1　SI 基本单位

量的名称	单位名称	单位符号
长度	米	m
质量	千克(公斤)	kg
时间	秒	s
电流	安[培]	A
热力学温度	开[尔文]	K
物质的量	摩[尔]	mol
发光强度	坎[德拉]	cd

(三)SI 导出单位

SI 导出单位是按一贯性原则,通过比例因数为 1 的量的定义方程式,由 SI 基本单位导出的单位。导出单位是组合形式的单位,由两个以上基本单位幂的乘积来表示。具有专门名称的导出单位共有 21 个,见表 4-2。

表 4-2 具有专门名称的 SI 导出单位

量的名称	SI 导出单位		
	名称	符号	用 SI 基本单位和 SI 导出单位表示
[平面]角	弧度	rad	1 rad = 1 m/m = 1
立体角	球面度	sr	1 sr = 1 m^2/m^2 = 1
频率	赫[兹]	Hz	1 Hz = 1 s^{-1}
力	牛[顿]	N	1 N = 1 kg · m/s^2
压力,压强,应力	帕[斯卡]	Pa	1 Pa = 1 N/m^2
能[量],功,热量	焦[耳]	J	1 J = 1 N · m
功率,辐[射能]通量	瓦[特]	W	1 W = 1 J/s
电荷[量]	库[仑]	C	1 C = 1 A · s
电压,电动势,电位,(电势)	伏[特]	V	1 V = 1 W/A
电容	法[拉]	F	1 F = 1 C/V
电阻	欧[姆]	Ω	1 Ω = 1 V/A
电导	西[门子]	S	1 S = 1 $Ω^{-1}$
磁通[量]	韦[伯]	Wb	1 Wb = 1 V · s
磁通[量]密度,磁感应强度	特[斯拉]	T	1 T = 1 Wb/m^2
电感	亨[利]	H	1 H = 1 Wb/A
摄氏温度	摄氏度	℃	1 ℃ = 1 K
光通量	流[明]	lm	1 lm = 1 cd · sr
[光]照度	勒[克斯]	lx	1 lx = 1 lm/m^2

(四)SI 单位的倍数和分数单位

在实际使用时,SI 中规定了 20 个构成十进倍数和分数单位的词头和所表示的因数:它们仅用于与 SI 单位(kg 除外)构成 SI 单位的十进倍数单位和十进分数单位。值得注意的是:相应于因数 10^3(含 10^3)以下的词头符号必须用小写正体,等于或大于因数 10^6 的词头符号必须用大写正体,从 10^3 到 10^{-3} 是十进位,其余是千进位。SI 单位加上 SI 词头后两者结合为一整体,称为 SI 单位的倍数或分数单位,见表 4-3。

表 4-3 用于构成十进倍数和分数单位的词头

所表示的因数	词头名称	词头符号	所表示的因数	词头名称	词头符号
10^{24}	尧[它]	Y	10^{-1}	分	d
10^{21}	泽[它]	Z	10^{-2}	厘	c
10^{18}	艾[可萨]	E	10^{-3}	毫	m
10^{15}	拍[它]	P	10^{-6}	微	μ
10^{12}	太[拉]	T	10^{-9}	纳[诺]	n
10^{9}	吉[咖]	G	10^{-12}	皮[可]	p
10^{6}	兆	M	10^{-15}	飞[母拖]	f
10^{3}	千	k	10^{-18}	阿[托]	a
10^{2}	百	h	10^{-21}	仄[普托]	z
10^{1}	十	da	10^{-24}	幺[科托]	y

二、我国选用的其他计量单位

计量法规定，SI 计量单位和国家选定的其他计量单位，为我国法定计量单位。我国选定的非 SI 单位计量单位，见表 4-4。

表 4-4　我国选定的非国际单位制单位

量的名称	单位名称	单位符号	换算关系和说明
时间	分	min	1 min = 60 s
	[小]时	h	1 h = 60 min = 3 600 s
	天(日)	d	1 d = 24 h = 86 400 s
[平面]角	[角]秒	″	1″ = (π/648 000) rad
	[角]分	′	1′ = 60″ = (π/10 800) rad
	度	°	1° = 60′ = (π/180) rad
旋转速度	转每分	r/min	1 r/min = (1/60) s^{-1}
长度	海里	n mile	1 n mile = 1 852 m（只用于航程）
速度	节	kn	1 kn = 1 n mile/h = (1 852/3 600) m/s（只用于航行）
质量	吨	t	1 t = 10^3 kg
	原子质量单位	u	1 u ≈ 1.660 540 × 10^{-27} kg
体积	升	L(l)	1 L = 1 dm^3 = 10^{-3} m^3
能	电子伏	eV	1 eV ≈ 1.602 177 × 10^{-19} J
级差	分贝	dB	
线密度	特[克斯]	tex	1 tex = 1 g/km
面积	公顷	hm^2	1 hm^2 = 10 000 m^2

说明：①周、月、年(年的符号为 a)为一般常用时间单位。

②[ ]内的字是在不致混淆的情况下，可以省略的字。

③( )内的字为前者的同义语。

④角度单位度、分、秒的符号不处于数字后时，应加括弧。

⑤升的符号中，小写字母 *l* 为备用符号。

⑥r 为“转”的符号。

⑦人民生活和贸易中，质量习惯称为重量。

⑧公里为千米的俗称，符号为 km。

⑨$10^4$ 称为万，10^8 称为亿，10^{12} 称为万亿，这类数词的使用不受词头名称的影响，但不应与词头混淆。

第二节　法定计量单位的使用规则

一、法定计量单位名称

（一）计量单位

计量单位的名称一般是指它的中文名称，用于叙述性文字和口述中，不得用于公式、数据表、图、刻度盘等处。

（二）组合单位的名称

组合单位的名称与其符号表示的顺序一致。遇到除号时，读为“每”，例如，J/(mol·K)的名称应为“焦耳每摩尔开尔文”。书写时不能加任何图形和符号，不要与单位的中文符号相混。

（三）乘方形式的单位名称

乘方形式的单位名称，例如 m^4 的名称应为“四次方米”而不是“米四次方”。用长度单位米的二次方或三次方表示面积或体积时，其单位名称为“平方米”或“立方米”，否则仍应为“二次方米”或“三次方米”。

$℃^{-1}$的名称为“每摄氏度”，而不是“负一次方摄氏度”。

s^{-1}的名称应为“每秒”。

二、法定计量单位符号

（一）计量单位的符号

计量单位的符号分为单位符号（即国际通用符号）和单位的中文符号（即单位名称的简称）。一般推荐使用单位符号，中文符号只在知识水平不高的场合下使用。

十进制单位符号应置于数据之后。单位符号按其名称或简称读，不得按字母读音。

（二）单位符号书写

单位符号一般用正体小写字母书写。以人名命名的单位符号，第一个字母必须正体大写。“升”的符号“l”，可以用大写字母“L”。

组合单位符号书写方式的举例及其说明，见表4-5。

表4-5　组合单位符号书写方式举例

单位名称	符号的正确书写方式	错误或不适当的书写形式
牛顿米	N·m，Nm 牛·米	N-m，mN 牛米，牛—米
米每秒	m/s，$m·s^{-1}$ $米·秒^{-1}$，米/秒	$m s^{-1}$ 秒米，$米秒^{-1}$
瓦每开尔文米	W/(K·m)，瓦/(开·米)	W/(开·米) W/K/m，W/K·m
每米	m^{-1}，$米^{-1}$	1/m，1/米

说明：①分子为1的组合单位的符号，一般不用分子式，而用负数幂的形式。

②单位符号中用斜线表示相除时，分子、分母的符号与斜线处于同一行内。分母中包含两个以上单位符号时，整个分母应加圆括号，斜线不得多于1条。

③单位符号与中文符号不得混合使用。但是非物理量单位（如台、件、人等）可用汉字与符号构成组合形式单位；摄氏度的符号℃可作为中文符号使用，如J/℃可写为焦/℃。

第五章　数据的处理

第一节　测量数据的修约

一、有效数字

（一）末的概念

所谓末，指的是任何一个数最末一位数字所对应的单位量值。

例如，用分度值为0.1 mm的卡尺测量某物体的长度，测量结果为19.8 mm，最末一位的量值0.8 mm，即为最末一位数字8与其所对应的单位量值0.1 mm的乘积，故19.8 mm的末为0.1 mm。

（二）有效数字

（1）有效数字的概念：当某近似数的绝对误差小于0.5×末时，从左边的第一个非零数字算起，直到最末一位数字为止的所有数字。

例如，π=3.141 59…截取到百分位，可得到近似数3.14，则此时引起的误差绝对值为：

3.141 59…－3.14 ＝0.001 59…

近似数3.14的末为0.01，因此0.5×末＝0.5 ×0.01＝0.005。而0.001 59…＜0.005，故近似数3.14的误差绝对值小于0.5×末，为3位有效数字。

（2）测量结果的有效位数不同，其结果的测量不确定度也不同。例如，某长度测量值为19.8 mm，有效位数为3位；若是19.80 mm，有效位数为4位。它们的绝对误差的模分别小于0.5末，即分别小于0.05 mm和0.005 mm。测量结果19.80 mm比19.8 mm的不确定度要小。同时，19.80右边的0不能随意取舍，因为这个0是有效数字。

二、近似数运算

（一）加、减运算

当几个数作加减运算时，以各数中末最大的数为准，其余的数均比它多保留一位，多余位数应舍去。计算结果的末应与参与运算的数中末最大的那个数相同。若计算结果尚需参与下一步运算，则可多保留一位。

例如：18.3＋1.454 6＋0.876＝18.3＋1.45＋0.88＝20.6(20.63)

（二）乘、除（或乘方、开方）运算

当几个数作乘除运算时，以有效数字位数最少的那个数为准，其余的数的有效数字均比它多保留一位。运算结果（积或商）的有效数字位数，应与参与运算的数中有效数字位数最少的那个数相同。若计算结果尚需参与下一步运算，则有效数字可多取一位。

例如，1.1×0.326 8×0.103 00＝1.1×0.327×0.103＝0.037(0.037 0)

乘方、开方运算类同。

三、数值修约

(一)修约间隔

(1)修约间隔又称为修约区间或化整间隔。

修约间隔以 $k \times 10^n$($n=1,2,5$;n 为正、负整数)的形式表示。简称 k 间隔。

(2)修约数只能是修约间隔的整数倍。

例如,指定修约间隔为 0.1,修约数应在 0.1 的整数倍的数中选取;若修约间隔为 2×10^n,修约数的末位只能是 0、2、4、6、8 等数字;若修约间隔为 5×10^n,则修约数的末位数字不是 0,就是 5。

(3)当对某一拟修约数进行修约时,需确定修约数位,其表达形式有以下几种:

①指明具体的修约间隔;

②将拟修约数修约至某数位的 0.1 或 0.2 或 0.5 个单位;

③指明按 k 间隔将拟修约数修约为几位有效数字,有时 1 间隔不必指明。

(二)修约规则

测量数据除另有规定者外,一般应按 GB 8170—87 给定的规则进行修约。

(1)拟舍弃数字的最左一位数字小于 5 时,则舍去,即保留的各位数字不变。例如,将 12.149 8 修约到一位小数,得 12.1。

(2)拟舍弃数字的最左一位数字大于 5 或者是 5,而其后跟有并非全部为 0 的数字时,则进一,即保留的末位数字加 1。

例 1:将 1 268 修约到"百"数位,得 13×10^2(特定时可写为 1 300)。

注:"特定时"是指修约间隔或有效位数明确。

例 2:将 10.502 修约到个数位,得 11。

(3)拟舍弃数字的最左一位数字为 5,而右面无数字或皆为 0,若所保留的末位数字为奇数(1、3、5、7、9)则进一,为偶数(2、4、6、8、0)则舍弃。

例 3:修约间隔为 0.1(或 10^{-1})

拟修约值	1.050	0.350
修约值	1.0	0.4

例 4:修约间隔为 1 000(或 10^3):

拟修约值　2 500　3 500

修约值 2×10^3(特定时可写为 2 000)　4×10^3(特定时可写为 4 000)

例 5:将下列数字修约成两位有效位数:

拟修约值	0.032 5	32 500
修约值	0.032	32×10^3(特定时可为 32 000)

(4)负数修约时,先将它的绝对值按上述规定进行修约,然后在修约值前面加上负号。

例 6:将下列数字修约到"十"数位

拟修约值　-355

修约值　　-36×10(特定时可写为-360)

(5)拟修约数字应在确定修约数后一次修约获得结果,而不得多次按上述规则连续修约。

例7:修约15.454 6,修约间隔为1:

①正确的做法:15.454 6→15

②不正确的做法:15.454 6→15.455→15.46→15.5→16。

(6)在具体实施中,有时测试与计算部门先将获得数值按指定的修约位数多一位或几位报出,而后由其他部门判定。为避免产生连续修约的错误,应按下述步骤进行。

①报出数值最右的非零数字为5时,应在数值后面加"(+)"或"(-)"或不加符号,以分别表明已进行过舍、进或未舍未进。

例如,16.50(+)表示实际值大于16.50,经修约舍弃成为16.50;16.50(-)表示实际值小于16.50,经修约进一成为16.50。

②如果判定报出值需要进行修约,当拟舍弃数字的最左一位数字为5而后面无数字或皆为零时,数值后面有(+)号者进一,数值后面有(-)号者舍去,其他仍按上述规则进行。

例8:将下列数字修约到个数位后进行判定(报出值多留一位到一位小数)。

实测值	15.454 6	16.520 3	17.500 0	-15.454 6
报出值	15.5(-)	16.5(+)	17.5	-(15.5(-))
修约值	15	17	18	-15

(7)0.5单位修约与0.2单位修约。

①0.5单位修约。将拟修约数值乘以2,按指定数位进行修约,所得数值再除以2。

例9:将下列数字修约到个位的0.5单位(或修约间隔为0.5)。

拟修约数值 (A)	乘2 (2A)	2A修约值 (修约间隔为1)	A修约值 (修约间隔为0.5)
60.25	120.50	120	60.0
60.38	120.76	121	60.5
-60.75	-121.50	-122	-61.0

②0.2单位修约。将拟修约数值乘以5,按指定数位进行修约,所得数值再除以5。

例10:将下列数字修约到"百"数位的0.2单位(或修约间隔为20)

拟修约数值 (A)	乘5 (5A)	5A修约值 (修约间隔为100)	A修约值 (修约间隔为20)
830	4 150	4 200	840
840	4 200	4 200	840
-930	-4 650	-4 600	-920

四、测定值(计算值)与标准规定值的比较

试验、检测所得的测定值或其计算值与标准规定的极限值如何比较判定应按GB 1250—89的规定进行。

(一)修约值比较法

(1)将测定值或其计算值进行修约,修约位数与标准规定的极限数值书写位数一致。修约按 GB 8170 的规定进行。

(2)将修约后的数值与标准规定的极限数值进行比较,以判定实际指标或参数是否符合标准要求。示例见表 5-1。

表 5-1 修约值比较法

项目	极限数值	测定值或其计算值	修约值	是否符合标准要求
抗拉强度(MPa)	≥56×10	554	55×10	不符
		555	56×10	符合
		556	56×10	符合
硅含量(%)	≤0.05	0.046	0.05	符合
		0.054	0.05	符合
		0.055	0.06	不符
锰含量(%)	0.30~0.60	0.294	0.29	不符
		0.295	0.30	符合
		0.605	0.60	符合
		0.606	0.61	不符
盘条直径(mm)	5.0 (极限偏差 ±0.5)	4.45	4.4	不符
		4.46	4.5	符合
		5.54	5.5	符合
		5.55	5.6	不符

注:表中示例并不表明这类极限数值都应采用修约值比较法。

(二)全数值比较法

将检验所得的测定值或其计算值不经修约处理(或可作修约处理,但应表明它是经舍、进或未进未舍而得——见 GB 8170)而用数值的全部数字与标准规定的极限数值作比较,只要越出规定的极限数值(不论越出的程度大小),都判定为不符合标准要求。示例见表 5-2。

表 5-2 全数值比较法

项 目	极限数值	测定值或其计算值	或写成	是否符合标准要求
抗拉强度(MPa)	≥56×10	555	56×10(-)	不符
		559	56×10(-)	不符
		560	56×10	符合
		565	56×10(+)	符合

续表 5-2

项　目	极限数值	测定值或其计算值	或写成	是否符合标准要求
硅含量(%)	≤0.05	0.049	0.05(-)	符合
		0.050	0.05	符合
		0.051	0.05(+)	不符
		0.056	0.06	不符
锰含量(%)	0.30~0.60	0.299	0.30(-)	不符
		0.300	0.30	符合
		0.600	0.60	符合
		0.601	0.60(+)	不符
直径(mm)	10.0±0.1	9.89	9.9(-)	不符
		9.90	9.9	符合
		10.10	10.1	符合
		10.11	10.1(+)	不符

注:①表内示例并不表明这类极限数值都应采用全数值比较法。

②对同样的极限数值,若它本身属于标准要求,则全数值比较法比修约值比较法相对严些。

(三)两种判定方法的使用

(1)有一类极限数值为绝对极限,书写≥0.2 和书写≥0.20 或≥0.200,具有同样的界限上的意义,对此类极限数值,用测定值或其计算值判定是否符合要求,需要用全数值比较法。

(2)对附有极限偏差值的数值,对牵涉到安全性能指标和计算仪器中有误差传递的指标或其他重要指标,应优先采用全数值比较法。

(3)标准中各种极限数值(包括带有极限偏差值的数值)未加说明时,均指采用全数值比较法;如规定采用修约值比较法,应在标准中加以说明。

第二节　试验数据的处理

一、测量误差和相对误差

(一)测量误差

测量结果减去被测量的真值所得的差,称为测量误差,简称误差。用公式可表示为:

测量误差 = 测量结果 - 真值

测量结果是由测量所得到的赋予被测量的值,是被测量之值的近似或估计。它不仅与量的本身有关,而且与测量程序、测量仪器、测量环境以及测量人员等有关。

真值是与给定的特定量的定义完全一致的值,它是通过完善的或完美无缺的测量,才能获得的值。因而,作为测量结果与真值之差的测量误差,也是无法准确得到或确切获知的,此即“误差公理”的内涵。

不要把误差与不确定度混为一谈。测量不确定度表明赋予被测量之值的分散性,它与人们对被测量的认识程度有关,是通过分析和评定得到的一个区间。测量误差则是表明测量结果偏离真值的差值,它客观存在但人们无法准确得到。

(二)相对误差

测量误差除以被测量的真值所得的商,称为相对误差。

设测量结果 y 减去被测量约定真值 t,所得的误差或绝对误差为 Δ。将绝对误差 Δ 除以约定真值 t,即可求得相对误差为 $\delta = \Delta/t \times 100\%$。所以,相对误差表示绝对误差所占约定真值的百分比。

绝对误差与被测量值的量纲相同,而相对误差是量纲为 1 的量。

二、随机误差和系统误差

(一)随机误差

测量结果与在重复性条件下,对同一被测量进行无限多次测量所得结果的平均值之差,称为随机误差。

重复性条件是指在尽量相同的条件下,包括测量程序、人员、仪器、环境等,以及尽量短的时间间隔内完成重复测量任务。这里的“短时间”可理解为保证测量条件相同或保持不变的时间段,通俗地说,它是测量处于正常状态的时间间隔。

随机误差的统计规律性,主要可归纳为对称性、有界性和单峰性 3 条:

(1)对称性是指绝对值相等而符号相反的误差,出现的次数大致相等,也即测得值是以它们的算术平均值为中心而对称分布的。由于所有误差的代数和趋近于零,故随机误差又具有抵偿性。

(2)有界性是指测得值误差的绝对值不会超过一定的界限,也即不会出现绝对值很大的误差。

(3)单峰性是指绝对值小的误差比绝对值大的误差数目多,也即测得值是以它们的算术平均值为中心而相对集中地分布的。

(二)系统误差

在重复性条件下,对同一被测量进行无限多次测量所得结果的平均值与被测量的真值之差,称为系统误差。它是测量结果中期望不为零的误差分量。

由于只能进行有限次数的重复测量,真值也只能用约定真值代替,因此可能确定的系统误差只是其估计值,并具有一定的不确定度。

系统误差对测量结果的影响称为系统效应。该效应的大小若已识别并可定量表述,则可通过估计的修正值予以补偿。另外,为了尽可能消除系统误差,测量仪器须经常地用计量标准或标准物质进行调整或校准。但是同时须考虑这些标准自身仍带着不确定度。

三、平均值和标准差(均方差)

(一)平均值

将某一未知量 x 测定 n 次,其观测值为 x_1、x_2、x_3、…、x_n,将它们平均,得:

$$\bar{x} = \frac{x_1 + x_2 + \cdots + x_n}{n} = \frac{1}{n}\sum_{i=1}^{n} x_i \tag{5-1}$$

式中 $\bar{x}$——算术平均值;

x_1、x_2、x_3、…、x_n——各个试验数据值;

n——试验数据个数;

$\sum x_i$——各试验数据值的总和。

观测次数越多,算术平均值越接近真值。平均值只能用来了解观测值的平均水平,而不能反映其波动情况。

(二)标准差(均方差)

观测值与平均值之差的平方和的平均值称为方差,用符号 σ^2 表示。方差的平方根称为标准差(均方差),用 σ 表示。

$$\sigma^2 = \frac{(x_1 - \bar{x})^2 + (x_2 - \bar{x})^2 + \cdots + (x_n - \bar{x})^2}{n} = \frac{\sum_{i=1}^{n}(x_i - \bar{x})^2}{n} \tag{5-2}$$

$$\sigma = \sqrt{\frac{\sum_{i=1}^{n}(x_i - \bar{x})^2}{n}} \tag{5-3}$$

σ 是表示测量次数 $n \to \infty$ 时的标准差,而在实测中只能进行有限次的测量,其标准差可用 S 表示。即

$$S = \sqrt{\frac{\sum_{i=1}^{n}(x_i - \bar{x})^2}{n-1}} \tag{5-4}$$

标准差是衡量波动性的指标。在应用时可用 S,也可用 σ 表示标准差,计算常用公式(5-4)。

(三)变异系数

标准差 σ 或 S 只反映数值绝对离散(波动)的大小,也可以用它来说明绝对误差的大小,而实际中更关心其相对误差的大小,即相对离散的程度,这在统计学上用变异系数 C_v 来表示:

$$C_v = \frac{\sigma}{\bar{x}} \quad 或 \quad C_v = \frac{S}{\bar{x}} \tag{5-5}$$

如同一规格的材料经过多次试验得出一批数据后,就可通过计算平均值、标准差与变异系数来评定其质量或性能的优劣。

四、测量不确定度

(一)测量不确定度定义

表征合理地赋予被测量之值的分散性、与测量结果相联系的参数,称为测量不确定度。

“合理”意指应考虑到各种因素对测量的影响所做的修正,特别是测量应处于统计控制状态下,即处于随机控制过程中。“相联系”意指测量不确定度是一个与测量结果在一起的参数,在测量结果的完整表示中应包括测量不确定度。此参数可以是诸如标准(偏)差或其倍数,或说明了置信水准的区间的半宽度。

测量不确定度用标准(偏)差表示。在实际使用中,往往希望知道测量结果的置信区间。因此,规定测量不确定度也可用标准(偏)差的倍数或说明了置信水准的区间的半宽度表示。为了区分这两种不同的表示方法,分别称它们为标准不确定度和扩展不确定度。

(二)测量不确定度的来源

在实践中,测量不确定度可能来源于以下10个方面:

(1)对被测量的定义不完整或不完善。

(2)实现被测量的定义的方法不理想。

(3)取样的代表性不够,即被测量的样本不能代表所定义的被测量。

(4)对测量过程受环境影响的认识不周全,或对环境条件的测量与控制不完善。

(5)对模拟仪器的读数存在人为偏移。

(6)测量仪器的分辨力或鉴别力不够。

(7)赋予计量标准的值或标准物质的值不准。

(8)引用于数据计算的常量和其他参量不准。

(9)测量方法和测量程序的近似性和假定性。

(10)在表面上看完全相同的条件下,被测量重复观测值的变化。

由此可见,测量不确定度一般来源于随机性和模糊性,前者归因于条件不充分,后者归因于事物本身概念不明确。

(三)标准不确定度

以标准(偏)差表示的测量不确定度,称为标准不确定度。

标准不确定度用符号 u 表示,它不是由测量标准引起的不确定度,而是指不确定度以标准差表示,来表征被测量之值的分散性。

第六章　抽样技术

第一节　抽样概念

一、随机变量的基本概念

(一)事件和随机事件

观测或试验的一种结果,称为一个事件。例如,明天的天气是晴天、阴天还是雨天,这三种可能性中的每一种都称为事件。把事件大致分为确定性和不确定性两类。如,向上抛一石子必然下落,属确定性事件;抛掷一枚硬币的结果可能正面朝上,也可能反面朝上,属不确定性事件。

确定性事件有着内在的规律,而对于不确定性事件,就每一次观测或试验结果来看是可疑的,但在大量重复观测或试验下却呈现某种规律性(统计规律性)。如多次重复抛掷一枚硬币,会发现正面朝上与反面朝上的次数大致相等。概率论和数理统计就是从两个不同侧面,来研究这类不确定性事件的统计规律性。在概率统计中,把事件区分为最典型的3种情况:

(1)必然事件。在一定条件下必然出现的事件。例如,工件直径的测量结果为正,是必然事件。

(2)不可能事件。在一定条件下不可能出现的事件。例如,工件直径的测量结果为零或负值,都是不可能事件。

(3)随机事件。在一定条件下可能出现也可能不出现的事件。例如,工件直径的测量结果出现在9.91 mm与9.92 mm之间,是一个随机事件。

(二)随机变量

如果测量结果在一定条件下,取某一值(在某一范围内取值)是一个随机事件,则这样的量叫做随机变量。

随机变量根据其取值的特征可以分为两种:

(1)连续型随机变量。若随机变量 X 可在坐标轴上某一区间内取任一数值,即取值布满区间或整个实数轴,则称 X 为连续型随机变量。例如,打靶命中点的可能值是充满整个靶面的,属于连续型随机变量。

(2)离散型随机变量。若随机变量 X 的取值可离散地排列为 x_1、x_2、…,而且 X 以各种确定的概率取这些不同的值,即只取有限个或可数个实数值,则称 X 为离散型随机变量。例如,在取有效数字的位数时,数字的舍入误差属于离散型随机变量。

二、常见随机变量的概率分布及其数字特征

(一)均匀分布

被测量 X 服从均匀分布(矩形分布),如图 6-1 所示,试求其数学期望值 μ_x、方差 D_x 及标准(偏)差 σ。

现设其概率分布密度为 $f(x)$,它在 $-a$ 至 $+a$ 区间内为一常数,令其为 K,则:

$$Y = f(x) = K$$

被测量落在 $-a$ 至 $+a$ 区间内的概率应为 1,故有:

$$\int_{-a}^{+a} f(x)\,\mathrm{d}x = \int_{-a}^{+a} K\mathrm{d}x = 1 \tag{6-1}$$

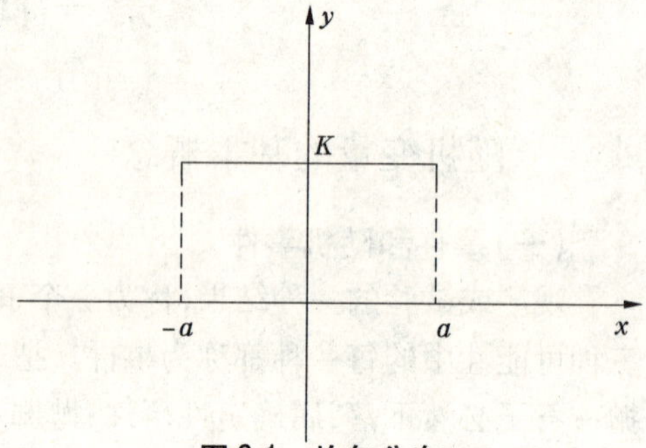

即得 $K = \frac{1}{2a}$,因此概率分布为 $Y = f(x) = \frac{1}{2a}$。

图 6-1 均匀分布

被测量的期望值为:

$$\mu_x = \int_{-a}^{+a} xf(x)\,\mathrm{d}x = \frac{1}{2a}\int_{-a}^{+a} x\mathrm{d}x = 0 \tag{6-2}$$

被测量的方差为(注意 $\mu_x = 0$):

$$D_x = \int_{-a}^{+a} (x - \mu_x)^2 f(x)\,\mathrm{d}x = \int_{-a}^{+a} x^2 f(x)\,\mathrm{d}x = \frac{1}{2a}\int_{-a}^{+a} x^2\mathrm{d}x = \frac{a^2}{3} \tag{6-3}$$

所以标准(偏)差为:

$$\sigma = \sqrt{D_x} = \frac{a}{\sqrt{3}} \tag{6-4}$$

式(6-4)即为被测量服从均匀分布时,其标准(偏)差与分散区间半宽之间的关系式。

(二)正态分布

被测量 X 服从正态分布(拉普拉斯—高斯分布),如图 6-2(a)所示。正态分布的概率分布密度函数为

$$f(x) = \frac{1}{\sigma\sqrt{2\pi}}\exp\left[-\frac{1}{2}\left(\frac{x-\mu}{\sigma}\right)^2\right] \quad (-\infty < x < +\infty) \tag{6-5}$$

根据连续型随机变量数学期望和方差的定义,可以算得,被测量期望值 μ_x 恰为概率分布密度函数中的参数 μ,而被测量的方差 D_x 恰为概率分布密度函数中的参数 σ^2。这是正态分布的重要特点。对于均值为 μ、标准(偏)差为 σ 的正态分布,通常记之以 $N(\mu,\sigma)$。对于均值为零、标准(偏)差为 σ 的正态分布,通常记之以 $N(0,\sigma)$。

由图 6-2(a)可见,正态分布曲线在 $x=\mu$ 处具有极大值,曲线不仅是单峰的,而且对 $x=\mu$ 直线来说是对称的。由图 6-2(b)可见,正态分布的中心是在 $x=\mu$ 处,μ 值的大小决定了曲线在 x 轴上的位置。由图 6-2(c)可见,在相同 μ 值下,σ 值愈大,曲线愈平坦,即随机变量的分散性愈大;反之 σ 愈小,曲线愈尖锐(集中),随机变量的分散性愈小。还可以

看到，正态分布曲线在 $x=\mu+\sigma$ 处有两个拐点。图 6-2(d) 对两条不同 μ 值和不同 σ 值的正态分布曲线进行了比较。

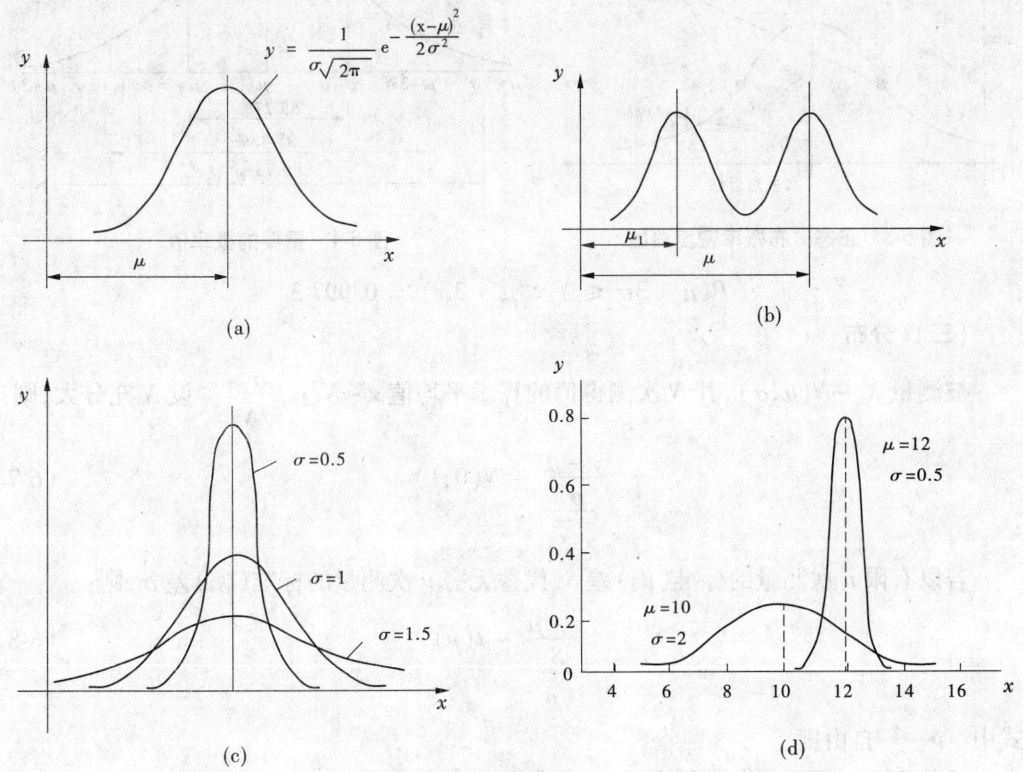

图 6-2　正态分布

当样本大小 n 充分大时，直方图将呈对称，而台阶形的折线也将趋于一条光滑曲线（见图 6-3）。正态分布曲线有如下特点：

(1) 单峰性，在均值处具有极大值。

(2) 对称性，在对称轴的左右两侧曲线是对称的。

(3) 有一水平渐近线，曲线两头将无限接近于横轴，且曲线下的面积是 1。

(4) 在对称轴左右两边曲线上离对称轴等距离的某处，各有一个拐弯的点（拐点）。

正态分布曲线在数学上可以由下面的函数表达出来：

$$y=f(x)=\frac{1}{\sigma\sqrt{2\pi}}e^{-\frac{(x-\mu)^2}{2\sigma^2}} \tag{6-6}$$

这里 $f(x)$ 称为概率分布密度函数，$f(x)$ 所表示的曲线称为正态分布曲线，其中 μ、σ ($\sigma>0$) 是分布的两个参数。

由于 μ、σ 能完全表达正态分布的形态，所以常用简略记号 $X—N(\mu,\sigma)$ 表示正态分布。当 $\mu=0,\sigma=1$ 时，$X—N(0,1)$ 称为标准正态分布。

在概率论中，X 落在下述区间内的概率特别有用（见图 6-4）；

$$P(\mu-\sigma\leqslant X\leqslant\mu+\sigma)=0.682\,7$$

$$P(\mu-2\sigma\leqslant X\leqslant\mu+2\sigma)=0.954\,5$$

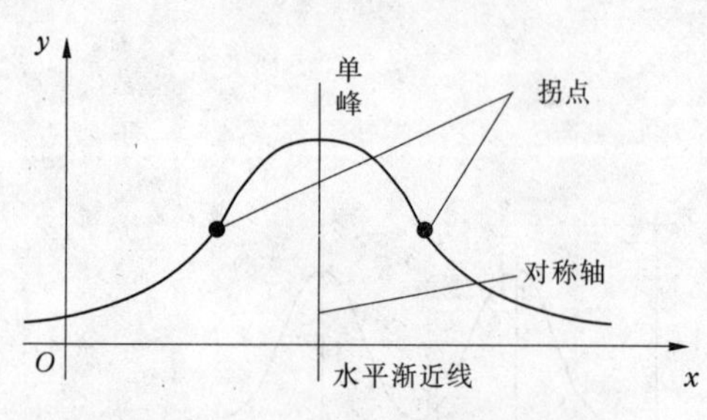

图 6-3　正态分布概率密度曲线

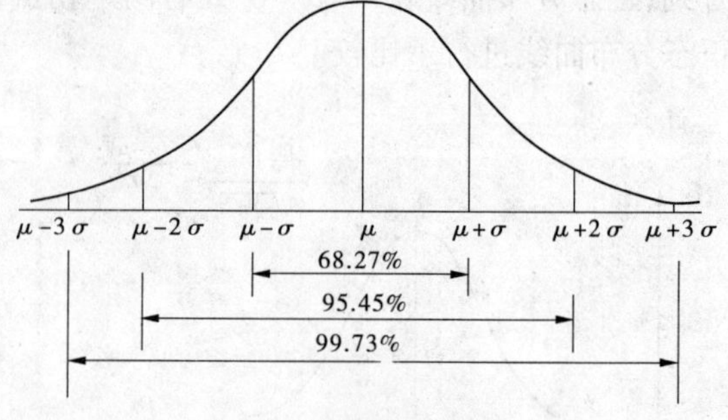

图 6-4　重要的概率值

$$P(\mu - 3\sigma \leqslant X \leqslant \mu + 3\sigma) = 0.9973$$

（三）t 分布

被测量 $X_i \sim N(\mu,\sigma)$，其 N 次测得值的算术平均值 $\bar{x} \sim N[\mu,\frac{\sigma}{\sqrt{N}}]$。设 N 充分大，则：

$$\frac{\bar{x}-\mu}{\frac{\sigma}{\sqrt{N}}} \sim N(0,1) \tag{6-7}$$

若以有限 n 次测量的标准（偏）差 S，代替无穷 ν 次测量的标准（偏）差 σ，则：

$$\frac{\bar{x}-\mu}{\frac{S}{\sqrt{n}}} \sim t(\nu) \tag{6-8}$$

式中　ν——自由度。

式(6-8)即为服从 t 分布的表示式，当自由度 ν 趋于∞时，S 趋于 σ，$t(\nu)$ 趋于 $N(0,1)$。

t 分布是一般形式，而标准正态分布是其特殊形式，$t(\nu)$ 成为标准正态分布的条件是当自由度 ν 趋于∞，见图 6-5。

对于 t 分布，t 变量处于 $[-t_p(\nu), +t_p(\nu)]$ 内的概率为 p，$t_p(\nu)$ 为其临界值，见图 6-6。

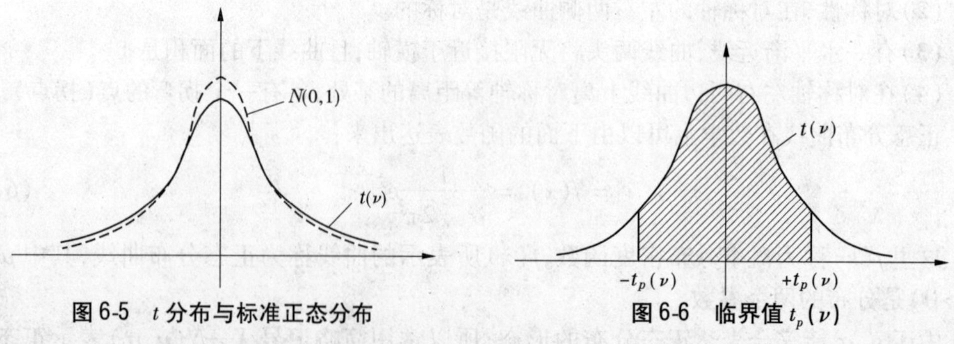

图 6-5　t 分布与标准正态分布　　图 6-6　临界值 $t_p(\nu)$

三、统计中常见的术语

统计分布中常见的术语（以标准正态分布为例）见图 6-7，图中

（1）置信水平（置信概率，置信度）以 p 表示。

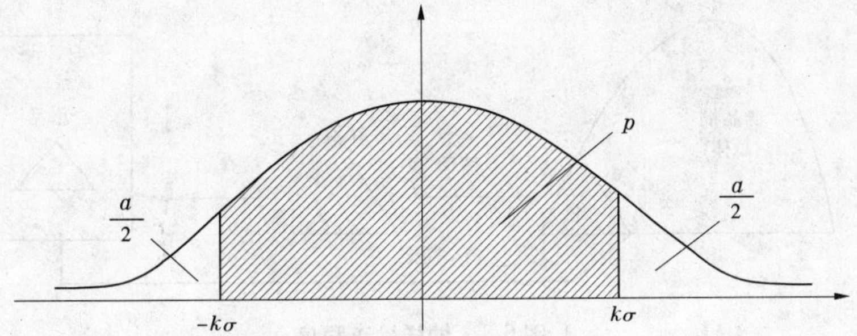

图 6-7 统计分布中常见术语

(2)显著性水平(显著度)以 a 表示。

(3)置信区间以$[-k\sigma,k\sigma]$表示。

(4)置信因子以 k 表示,当分布不同时,k 值也不同。

对于正态分布而言,k、p 的对应值见表 6-1。

表 6-1 正态分布 k、p 对应值

$p(\%)$	50	68.27	90	95	95.45	99	99.73
k	0.67	1	1.65	1.96	2	2.58	3

对于均匀分布,$k=\sqrt{3}$;对于三角分布,$k=\sqrt{6}$;对于反正弦分布,$k=\sqrt{2}$。

第二节 抽样技术基本概念

一、全数检查和抽样检查

检查批量生产的产品一般有两种方法,即全数检查和抽样检查。全数检查是对全部产品逐个进行检查,区分合格品和不合格品,检查对象是单个产品。全数检查也称为100%检查,目的是剔除不合格品,进行返修或报废。

抽样检查是从"检查批"中抽取规定数量的产品作为样本进行检查,再根据所得到的质量数据和预先规定的判定规则来判定该"检查批"是否合格。例如,在验收检查时,对判为合格的批予以接收,对判为不合格的批则拒收。一般程序如图 6-8 所示。

抽样检查所研究的问题包括三个方面:

(1)如何从批中抽取样品,即采用什么样的抽样方式。

(2)从批中抽取多少个单位产品,即取多大规模的样本大小。

(3)如何根据样本的质量数据来判定产品是否合格,即怎样预先确定判定规则。

样本大小和判定规则即构成了抽样方案。因此,抽样检查可以归纳为:采用什么样的抽样方式才能保证抽样的代表性,如何设计抽样方案才是合理的。

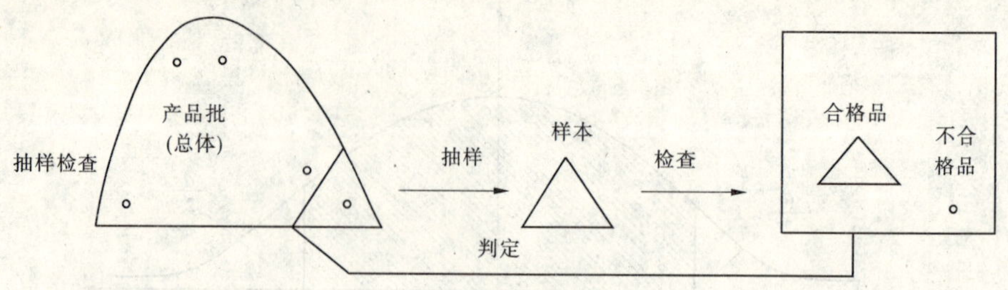

图 6-8　抽样检查程序

二、个体、总体和样本

(一)个体

个体是为实施抽样检查需要划分的基本单位。有些可以自然划分,例如,一只灯泡、一台电视机可以作为一个个体。有些则不能自然划分,是要根据抽样检查的需要来划分,例如,连续体的棉布,可以一尺布、一丈布甚至一匹布作为单位。

(二)总体

为实施抽样检查汇集起来的个体,称为总体,它是抽样检查和判定的对象。一个总体通常是由在基本稳定的生产条件下,在同一生产周期内生产出来的同形式、同等级、同尺寸以及同成分的个体构成的。总体包含的个体数,称为总体个数,通常用符号 N 表示。

(三)样本

从检查总体中抽取用于检验的个体,称为样本单位,有时也称为样品。样本单位的全体,称为样本。样本中所包含的样本单位数,称为样本大小,通常用符号 n 表示。

三、个体、总体和样本的质量

(一)个体的质量

个体的质量是以其质量性质特性表示的,简单个体可能只有一项特性,大多数产品具有多项特性。质量特性可分为计量值和计数值两类,计数值又可分为计点值和计件值。

计量值在数轴上是连续分布的,用连续的量值来表示个体的质量特性。例如,金属材料的机械性能、水泥的化学成分等。当个体的质量特性是用某类缺陷的个数度量时,即称为计点的表示方法。例如,一个铸件上的气泡或砂眼点数等。某些质量特性不能定量地度量,而只能简单地分成合格和不合格,或者分成若干等级,这时就称为计件的表示方法。例如,产品的外观特性。计点值和计件值统称计数值,显然计数值在数轴上是离散分布的。

对于用计点值表示的质量特性,也可以对缺陷数规定一个界限。至于缺陷本身的判定,除了靠经验外,也可以规定判定标准。例如,混凝土构件表面蜂窝、空洞是用缺陷深度来划分的。对于用计件值表示的质量特性,则不能用一个明确的量值作为标准,而是直接判定该项是否合格。例如,与标准样品、标准照片等进行对比,靠检查人员的经验判断。

在建筑材料和建材产品质量检验中,通常先按技术标准对有关项目分别进行检查,然后对各项质量特性按标准分别进行判定,最后再对产品的质量做出判定。这里涉及“不合格”和“不合格品”两个概念。前者是对质量特性的判定;后者是对单位产品的判定。

确定个体是合格品还是不合格品的检查,称为计件检查。只计算不合格数,不必确定个体是否合格品的检查,称为计点检查。两者统称为计数检查。计量检查是对质量特性的计量值进行检查和统计,对所涉及的质量特性应予分别检查和统计。

(二)总体的质量

抽样检查的目的是判定总体的质量,而总体的质量是根据其所含的个体的质量统计出来的:根据不同的统计方法,总体的质量可以用不同的方式表示。

对于计件检查,可以用每百个个体不合格品数 P 表示,即:

$$P = D/N \times 100 \tag{6-9}$$

式中 D——总体中不合格品总数;

N——总体个数。

在进行概率计算时,可用不合格品率 $P\%$ 或其小数形式表示。例如,不合格品率为 5% 或 0.05。对不同的试验组或不同类型的不合格品应予分别统计。一个个体只能被一次判为不合格品。因此,每百个个体不合格品数不可能大于 100。

对于计点检查,可以用每百个个体不合格数 P 表示,即:

$$P = D/N \times 100$$

在进行概率计算时,可用个体平均不合格率 $P\%$ 或其小数形式表示。对不同试验组或不同类型的不合格,应予分别统计。对于具有多项质量特性的产品来说,一个单位产品可能会有一个以上的不合格,即批中不合格总数有时会超过总体数。因此,对于计点检查,每百个个体不合格数有时会超过 100。

对于计点检查,当 N 足够大时,可以用总体的平均值 μ 和标准(偏)差 σ 表示,即:

$$\mu = \frac{\sum_{i=1}^{n} x_i}{N}, \quad \sigma = \sqrt{\frac{\sum_{i=1}^{n} (x_i - \mu)^2}{N-1}} \tag{6-10}$$

式中 x——某一个质量特性的数值;

x_i——第 i 个单位产品该质量特性的数值。

对每个质量特性值应予分别计算。

(三)样本的质量

样本的质量是根据各样本单位的质量统计出来的,而样本单位是从总体中抽取的用于检查的个体。因此,表示和判定样本的质量的方法,与个体是相似的。

对于计件检查,当样本大小 n 一定时,可用样本的不合格品数即样本中所含的不合格品数 d 表示。对不同类的不合格品应予分别计算。

对于计点检查,当样本大小 n 一定时,可用样本的不合格数即样本中所含的不合格 d 表示。对不同类的不合格应予分别计算。

对于计量检查,可以用样本的平均值和标准(偏)差 S 表示,即:

$$\bar{x} = \frac{\sum_{i=1}^{n} x_i}{n}, \quad S = \sqrt{\frac{\sum_{i=1}^{n} (x_i - \bar{x})^2}{n-1}} \tag{6-11}$$

对每个质量特性值应予分别计算。

四、抽样方法

从总体中抽取样本,通常是采用随机抽样方法。所谓随机抽样,是指从总体中随机抽取,每个个体被抽到的可能性是相同的。在实际应用中,要做到绝对的随机抽样是困难的,应尽量避免由于抽样引起的误差。抽样方法分为概率抽样与非概率抽样两类。

(一)概率抽样

概率抽样的原则(随机性原则)是总体中的每一个样本被选中的概率相等。概率抽样主要分以下四种。

1. 简单随机抽样

抽样前先将总体中所有个体进行统一编号,使每一个编号与一个个体对应,然后用抽签或查随机数表的办法,确定要抽个体的编号,最后按号从总体中抽取个体组成样本。

从理论上讲,利用简单随机抽样的方法得到的样本代表性强,误差小,但在具体应用中手续比较繁琐,不太常用。

2. 系统抽样(等距抽样或机械抽样)

把总体的单位进行排序,再计算出抽样距离,然后按照这一固定的抽样距离抽取样本。第一个样本采用简单随机抽样的办法抽取。

$$K(\text{抽样距离}) = N(\text{总体规模})/n(\text{样本规模})$$

前提条件是总体中个体的排列对于研究的变量来说应是随机的,即不存在某种与研究变量相关的规则分布。可以在调查允许的条件下,从不同的样本开始抽样,对比几次样本的特点。如果有明显差别,说明样本在总体中的分布呈某种循环性规律,且这种循环和抽样距离重合。

3. 分层抽样(类型抽样)

先将总体中的所有单位按照某种特征或标志(性别、年龄等)划分成若干类型或层次,然后再在各个类型或层次中采用简单随机抽样或系统抽样的办法抽取一个子样本,最后,将这些子样本合起来构成总体的样本。

1)分层抽样的方法

(1)先以分层变量将总体划分为若干层,再按照各层在总体中的比例从各层中抽取。

(2)先以分层变量将总体划分为若干层,再将各层中的元素按分层的顺序整齐排列,最后用系统抽样的方法抽取样本。

分层抽样是把异质性较强的总体分成一个个同质性较强的子总体,再抽取不同的子总体中的样本分别代表该子总体,所有的样本进而代表总体。

2)分层标准

(1)以调查所要分析和研究的主要变量或相关的变量作为分层的标准。

(2)以保证各层内部同质性强、各层之间异质性强、突出总体内在结构的变量作为分层变量。

(3)以那些有明显分层区分的变量作为分层变量。

3)分层的比例问题

(1)按比例分层抽样:根据各种类型或层次中的单位数目占总体单位数目的比重来抽取子样本的方法。

(2)不按比例分层抽样:有的层次在总体中的比重太小,其样本量就会非常少,此时采用该方法,主要是便于对不同层次的子总体进行专门研究或进行相互比较。如果要用样本资料推断总体时,则需要先对各层的数据资料进行加权处理,调整样本中各层的比例,使数据恢复到总体中各层实际的比例结构。

4. 整群抽样

抽样的单位不是单个的个体,而是成群的个体。它是从总体中随机抽取一些小的群体,然后由所抽出的若干个小群体内的所有元素构成调查的样本。对小群体的抽取可采用简单随机抽样、系统抽样和分层抽样的方法。

优点:简便易行、节省费用,特别是在总体抽样框难以确定的情况下非常适合。

缺点:样本分布比较集中、代表性相对较差。

一般来说,类别相对较多、每一类中个体相对较少的做法效果较好。

分层抽样与整群抽样的区别:分层抽样要求各子群体之间的差异较大,而子群体内部差异较小;整群抽样要求各子群体之间的差异较小,而子群体内部的差异性很大。换句话说,分层抽样是用代表不同子群体的子样本来代表总体中的群体分布;整群抽样是用子群体代表总体,再通过子群体内部样本的分布来反映总体样本的分布。

(二)非概率抽样

非概率抽样不是按照等概率原则,而是根据人们的主观经验或其他条件来抽取样本。常用于探索性研究。非概率抽样的种类主要有:

(1)偶遇抽样:并非简单随机抽样,概率不等。

(2)判断抽样(立意抽样):抽样标准取决于调查者的主观选择。

(3)配额抽样:尽可能的根据那些影响研究变量的各种因素来对总体分层,并找出不同特征的成员在总体中所占的比例。配额抽样实际上要求在抽样前对样本在总体中的分布有准确的了解。

配额抽样与分层抽样的区别:前者注重的是样本与总体在结构比例上的表面一致性;后者一方面要提高各层间的异质性与同层的同质性,另一方面也是为了照顾到某些比例小的层次,使得所抽样本的代表性进一步提高,误差进一步减小。在概率上,前者是按照事先规定的条件,有目的地寻找;后者是客观地、等概率地到各层中进行抽样。

第七章　常用术语

第一节　管理术语

一、实验室能力

（一）检测（测试、试验）

按照程序确定合格评定对象的一个或多个特性的活动。

注："检测"主要适用于材料、产品或过程。

（二）检查

审查产品设计、产品、过程或安装并确定其与特定要求的符合性，或根据专业判断确定其与通用要求的符合性的活动。

注：对过程的检查可以包括对人员、设施、技术和方法的检查。

（三）检验

通过观察和判断，必要时结合测量、试验或估计所进行的符合性评价。

（四）能力验证

利用实验室间比对确定实验室的检测能力。

（五）实验室间比对

按照预先规定的条件，由两个或多个实验室对相同或类似的被测物品进行检测的组织、实施和评价。

（六）校准

在规定条件下，为确定测量仪器（或测量系统）所指示的量值，或实物量具所代表的值，与对应的由标准所复现的量值之间关系的一组操作。

注：校准结果既可赋予被测量以示值，又可确定示值的修正值。

（七）（计量器具的）检定

查明和确认计量器具是否符合法定要求的程序，它包括检查、加标记和（或）出具检定证书。

（八）周期检定

按时间间隔和规定程序，对计量器具定期进行的一种后续检定。

注：首次检定是对未曾检定过的新计量器具进行的一种检定；后续检定是计量器具首次检定后的任何一种检定，如强制性周期检定、修理后检定。

（九）检定证书

证明计量器具已经过检定，并获满意结果的文件。

（十）不合格通知书

声明计量器具不符合有关法定要求的文件。

（十一）计量确认

为确保测量设备处于满足预期使用要求的状态所需要的一组操作。

二、质量管理

（一）质量体系

为实施质量管理所需的组织结构、程序、过程的资源。

注：一个组织的质量体系，应满足该组织内部管理的需要。

（二）质量控制

为达到质量要求所采取的作业技术和活动。

注：质量控制目的在于监视过程并排除质量环中所有阶段中导致不满意的原因，以取得经济效益。

（三）组织结构

组织为行使其职能按某种方式建立的职责、权限及相互关系。

（四）程序

为进行某项活动所规定的途径。

（五）规范

阐明要求的文件。

注："规范"应涉及或包括图样、模样或其他有关文件，并指明用以检查合格与否的方法与准则。

（六）技术规范

规定产品或服务特性的文体。它可以包括或只涉及术语、符合、检测或试验方法、包装、标志或标签的要求。

（七）标准

为促进最佳的共同利益，在科学、技术、经验成果的基础上，由各有关方面合作起草并协商一致或基本同意而制定的适于公用并经标准化机构批准的技术规范和其他文件。

注："标准"一词经常具有其他含义，它可以指不符合本定义全部条件的技术规范，例如"公司标准"。

（八）合格

满足规定的要求。

（九）不合格

没有满足某个规定的要求。

注：该定义包括一个或多个质量特性或质量体系要素偏离了规定要求。

（十）缺陷

没有满足某个预期的使用要求或合理的期望，包括与安全性有关的要求。

注：期望必须在现有条件下是合理的。

第二节 技术术语

一、测量

(一)量值

一般由一个数乘以测量单位所表示的特定量的大小。例如5.34 m或534 cm、15 kg,10 s。

(二)真值

与给定的特定量的定义一致的值。

注:量的真值只有通过完善的测量才有可能获得。按其本性是不确定的。

(三)约定真值

对于给定目的具有适当不确定度的、赋予特定量的值。例如,在给定地点,取由参考标准复现而赋予该量的值作为约定真值。

注:约定真值有时称为指定值、最佳估计值、约定值或参考值。常用某量的多次测量结果来确定约定真值。

(四)测量

以确定量值为目的的一组操作。

(五)被测量

作为测量对象的特定量。例如,给定的水样品在20 ℃时的蒸汽压力。

(六)影响量

不是被测量但对测量结果有影响的量。例如,用来测量长度的千分尺的温度。

(七)测量结果

由测量所得到的赋予被测量的值。

注:在给出测量结果时,应说明它是示值、未修正测量结果或已修正测量结果,还应表明它是否为几个值的平均。

(八)示值

测量仪器所给出的量的值。

注:由显示器读出的值可称为直接示值,将它乘以仪器常数即为示值。

(九)准确度

测量结果与被测量真值之间的一致程度。

注:不要用术语精密度代替准确度,准确度是一个定性概念。

(十)复现性

在改变了的测量条件下,同一被测量的测量结果之间的一致性。

注:在给出复现性时,应有效地说明改变条件的详细情况。

(十一)测量系统

组装起来以进行特定测量的全套测量仪器和其他设备。

注:测量系统可以包含实物量具和化学试剂。

(十二)测量设备

测量仪器、测量标准、参考物质、辅助设备以及进行测量所必需的资料的总称。

(十三)标称范围

测量仪器的操纵器件调到特定位置时可得到的示值范围。

注:标称范围通常用它的上限和下限表明,例如,100~200 ℃。

(十四)量程

标称范围两极限之差的模。例如,对从 -10~+10 V 的标称范围,其量程为 20 V。

(十五)测量范围

测量仪器的误差处在规定极限内的一组被测量的值。

注:按约定真值确定"误差"。

二、技术标准

(一)分类

(1)基础标准:指在一定范围内作为其他标准的基础,并普遍使用具有广泛指导意义的标准。如《水泥命名定义和术语》、《砖和砌块名词术语》等。

(2)产品标准:是衡量产品质量好坏的技术依据。例如,《硅酸盐水泥、普通硅酸盐水泥》、《钢筋混凝土用热轧带肋钢筋》等。

(3)方法标准:是指以试验、检查、分析、抽样、统计、计算、测定作业等各种方法为对象制定的标准。例如,《水泥胶砂强度检验方法》、《水泥取样方法》等。

(二)等级

(1)国家标准;

(2)行业标准;

(3)地方标准;

(4)企业标准。

(三)代号与编号

各级标准都有各自的部门代号。标准的表示方法,由标准名称、部门代号、编号和批准年份等组成。例如,国家推荐性标准《烧结普通砖》表示为 GB/T 5101—1998。标准的部门代号为 GB/T,编号为 5101,批准年份为 1998 年。建材行业标准《建筑水磨石制品》表示为 JC 507—93。标准的部门代号为 JC,编号为 507,批准年份为 1993 年。标准代号如下:

(1)GB——中华人民共和国国家标准。

(2)GBJ——国家工程建设标准。

(3)GB/T——中华人民共和国推荐性国家标准。

(4)ZB——中华人民共和国专业标准。

(5)ZB/T——中华人民共和国推荐性专业标准。

(6)JC——中华人民共和国国家建筑材料工业局行业标准。

(7)JG/T——中华人民共和国建设部建筑工程行业推荐性标准。

(8)YB——中华人民共和国冶金工业部行业标准。

(9)SL——中华人民共和国水利部行业标准。

(10)JTJ——中华人民共和国交通部行业标准。

(11)DB——地方标准。

(12)JJG——国家计量局计量检定规程。

(13)Q/××——××企业标准。

第三部分　相关文件

一、建设工程质量检测管理办法

（中华人民共和国建设部令　第141号）

第一条　为了加强对建设工程质量检测的管理，根据《中华人民共和国建筑法》、《建设工程质量管理条例》，制定本办法。

第二条　申请从事对涉及建筑物、构筑物结构安全的试块、试件以及有关材料检测的工程质量检测机构资质，实施对建设工程质量检测活动的监督管理，应当遵守本办法。

本办法所称建设工程质量检测（以下简称质量检测），是指工程质量检测机构（以下简称检测机构）接受委托，依据国家有关法律、法规和工程建设强制性标准，对涉及结构安全项目的抽样检测和对进入施工现场的建筑材料、构配件的见证取样检测。

第三条　国务院建设主管部门负责对全国质量检测活动实施监督管理，并负责制定检测机构资质标准。

省、自治区、直辖市人民政府建设主管部门负责对本行政区域内的质量检测活动实施监督管理，并负责检测机构的资质审批。

市、县人民政府建设主管部门负责对本行政区域内的质量检测活动实施监督管理。

第四条　检测机构是具有独立法人资格的中介机构。检测机构从事本办法附件一规定的质量检测业务，应当依据本办法取得相应的资质证书。

检测机构资质按照其承担的检测业务内容分为专项检测机构资质和见证取样检测机构资质。检测机构资质标准由附件二规定。

检测机构未取得相应的资质证书，不得承担本办法规定的质量检测业务。

第五条　申请检测资质的机构应当向省、自治区、直辖市人民政府建设主管部门提交下列申请材料：

（一）《检测机构资质申请表》一式三份；

（二）工商营业执照原件及复印件；

（三）与所申请检测资质范围相对应的计量认证证书原件及复印件；

（四）主要检测仪器、设备清单；

（五）技术人员的职称证书、身份证和社会保险合同的原件及复印件；

（六）检测机构管理制度及质量控制措施。

《检测机构资质申请表》由国务院建设主管部门制定式样。

第六条　省、自治区、直辖市人民政府建设主管部门在收到申请人的申请材料后，应当即时作出是否受理的决定，并向申请人出具书面凭证；申请材料不齐全或者不符合法定形式的，应当在5日内一次性告知申请人需要补正的全部内容。逾期不告知的，自收到申请材料之日起即为受理。

省、自治区、直辖市建设主管部门受理资质申请后，应当对申报材料进行审查，自受理之日起20个工作日内审批完毕并作出书面决定。对符合资质标准的，自作出决定之日起10个工作日内颁发《检测机构资质证书》，并报国务院建设主管部门备案。

第七条 《检测机构资质证书》应当注明检测业务范围，分为正本和副本，由国务院建设主管部门制定式样，正、副本具有同等法律效力。

第八条 检测机构资质证书有效期为3年。资质证书有效期满需要延期的，检测机构应当在资质证书有效期满30个工作日前申请办理延期手续。

检测机构在资质证书有效期内没有下列行为的，资质证书有效期届满时，经原审批机关同意，不再审查，资质证书有效期延期3年，由原审批机关在其资质证书副本上加盖延期专用章；检测机构在资质证书有效期内有下列行为之一的，原审批机关不予延期：

（一）超出资质范围从事检测活动的；

（二）转包检测业务的；

（三）涂改、倒卖、出租、出借或者以其他形式非法转让资质证书的；

（四）未按照国家有关工程建设强制性标准进行检测，造成质量安全事故或致使事故损失扩大的；

（五）伪造检测数据，出具虚假检测报告或者鉴定结论的。

第九条 检测机构取得检测机构资质后，不再符合相应资质标准的，省、自治区、直辖市人民政府建设主管部门根据利害关系人的请求或者依据职权，可以责令其限期改正；逾期不改的，可以撤回相应的资质证书。

第十条 任何单位和个人不得涂改、倒卖、出租、出借或者以其他形式非法转让资质证书。

第十一条 检测机构变更名称、地址、法定代表人、技术负责人，应当在3个月内到原审批机关办理变更手续。

第十二条 本办法规定的质量检测业务，由工程项目建设单位委托具有相应资质的检测机构进行检测。委托方与被委托方应当签订书面合同。

检测结果利害关系人对检测结果发生争议的，由双方共同认可的检测机构复检，复检结果由提出复检方报当地建设主管部门备案。

第十三条 质量检测试样的取样应当严格执行有关工程建设标准和国家有关规定，在建设单位或者工程监理单位监督下现场取样。提供质量检测试样的单位和个人，应当对试样的真实性负责。

第十四条 检测机构完成检测业务后，应当及时出具检测报告。检测报告经检测人员签字、检测机构法定代表人或者其授权的签字人签署，并加盖检测机构公章或者检测专用章后方可生效。检测报告经建设单位或者工程监理单位确认后，由施工单位归档。

见证取样检测的检测报告中应当注明见证人单位及姓名。

第十五条 任何单位和个人不得明示或者暗示检测机构出具虚假检测报告，不得篡改或者伪造检测报告。

第十六条 检测人员不得同时受聘于两个或者两个以上的检测机构。

检测机构和检测人员不得推荐或者监制建筑材料、构配件和设备。

检测机构不得与行政机关,法律、法规授权的具有管理公共事务职能的组织以及所检测工程项目相关的设计单位、施工单位、监理单位有隶属关系或者其他利害关系。

第十七条 检测机构不得转包检测业务。

检测机构跨省、自治区、直辖市承担检测业务的,应当向工程所在地的省、自治区、直辖市人民政府建设主管部门备案。

第十八条 检测机构应当对其检测数据和检测报告的真实性及准确性负责。

检测机构违反法律、法规和工程建设强制性标准,给他人造成损失的,应当依法承担相应的赔偿责任。

第十九条 检测机构应当将检测过程中发现的建设单位、监理单位、施工单位违反有关法律、法规和工程建设强制性标准的情况,以及涉及结构安全检测结果的不合格情况,及时报告工程所在地建设主管部门。

第二十条 检测机构应当建立档案管理制度。检测合同、委托单、原始记录、检测报告应当按年度统一编号,编号应当连续,不得随意抽撤、涂改。

检测机构应当单独建立检测结果不合格项目台账。

第二十一条 县级以上地方人民政府建设主管部门应当加强对检测机构的监督检查,主要检查下列内容:

(一)是否符合本办法规定的资质标准;

(二)是否超出资质范围从事质量检测活动;

(三)是否有涂改、倒卖、出租、出借或者以其他形式非法转让资质证书的行为;

(四)是否按规定在检测报告上签字盖章,检测报告是否真实;

(五)检测机构是否按有关技术标准和规定进行检测;

(六)仪器设备及环境条件是否符合计量认证要求;

(七)法律、法规规定的其他事项。

第二十二条 建设主管部门实施监督检查时,有权采取下列措施:

(一)要求检测机构或者委托方提供相关的文件和资料;

(二)进入检测机构的工作场地(包括施工现场)进行抽查;

(三)组织进行比对试验以验证检测机构的检测能力;

(四)发现有不符合国家有关法律、法规和工程建设标准要求的检测行为时,责令改正。

第二十三条 建设主管部门在监督检查中为收集证据的需要,可以对有关试样和检测资料采取抽样取证的方法;在证据可能灭失或者以后难以取得的情况下,经部门负责人批准,可以先行登记保存有关试样和检测资料,并应当在7日内及时作出处理决定,在此期间,当事人或者有关人员不得销毁或者转移有关试样和检测资料。

第二十四条 县级以上地方人民政府建设主管部门,对监督检查中发现的问题应当按规定权限进行处理,并及时报告资质审批机关。

第二十五条　建设主管部门应当建立投诉受理和处理制度，公开投诉电话号码、地址和电子邮件信箱。

检测机构违反国家有关法律、法规和工程建设标准规定进行检测的，任何单位和个人都有权向建设主管部门投诉。建设主管部门收到投诉后，应当及时核实并依据本办法对检测机构作出相应的处理决定，于30日内将处理意见答复投诉人。

第二十六条　违反本办法规定，未取得相应的资质，擅自承担本办法规定的检测业务的，其检测报告无效，由县级以上地方人民政府建设主管部门责令改正，并处1万元以上3万元以下的罚款。

第二十七条　检测机构隐瞒有关情况或者提供虚假材料申请资质的，省、自治区、直辖市人民政府建设主管部门不予受理或者不予行政许可，并给予警告，1年之内不得再次申请资质。

第二十八条　以欺骗、贿赂等不正当手段取得资质证书的，由省、自治区、直辖市人民政府建设主管部门撤销其资质证书，3年内不得再次申请资质证书；并由县级以上地方人民政府建设主管部门处以1万元以上3万元以下的罚款；构成犯罪的，依法追究刑事责任。

第二十九条　检测机构违反本办法规定，有下列行为之一的，由县级以上地方人民政府建设主管部门责令改正，可并处1万元以上3万元以下的罚款；构成犯罪的，依法追究刑事责任：

（一）超出资质范围从事检测活动的；

（二）涂改、倒卖、出租、出借、转让资质证书的；

（三）使用不符合条件的检测人员的；

（四）未按规定上报发现的违法违规行为和检测不合格事项的；

（五）未按规定在检测报告上签字盖章的；

（六）未按照国家有关工程建设强制性标准进行检测的；

（七）档案资料管理混乱，造成检测数据无法追溯的；

（八）转包检测业务的。

第三十条　检测机构伪造检测数据，出具虚假检测报告或者鉴定结论的，县级以上地方人民政府建设主管部门给予警告，并处3万元罚款；给他人造成损失的，依法承担赔偿责任；构成犯罪的，依法追究其刑事责任。

第三十一条　违反本办法规定，委托方有下列行为之一的，由县级以上地方人民政府建设主管部门责令改正，处1万元以上3万元以下的罚款：

（一）委托未取得相应资质的检测机构进行检测的；

（二）明示或暗示检测机构出具虚假检测报告，篡改或伪造检测报告的；

（三）弄虚作假送检试样的。

第三十二条　依照本办法规定，给予检测机构罚款处罚的，对检测机构的法定代表人和其他直接责任人员处罚款数额5%以上10%以下的罚款。

第三十三条　县级以上人民政府建设主管部门工作人员在质量检测管理工作中，有下列情形之一的，依法给予行政处分；构成犯罪的，依法追究刑事责任：

(一)对不符合法定条件的申请人颁发资质证书的；

(二)对符合法定条件的申请人不予颁发资质证书的；

(三)对符合法定条件的申请人未在法定期限内颁发资质证书的；

(四)利用职务上的便利，收受他人财物或者其他好处的；

(五)不依法履行监督管理职责，或者发现违法行为不予查处的。

第三十四条 检测机构和委托方应当按照有关规定收取、支付检测费用。没有收费标准的项目由双方协商收取费用。

第三十五条 水利工程、铁道工程、公路工程等工程中涉及结构安全的试块、试件及有关材料的检测按照有关规定，可以参照本办法执行。节能检测按照国家有关规定执行。

第三十六条 本规定自2005年11月1日起施行。

附件一：质量检测的业务内容

一、专项检测

(一)地基基础工程检测

1. 地基及复合地基承载力静载检测；
2. 桩的承载力检测；
3. 桩身完整性检测；
4. 锚杆锁定力检测。

(二)主体结构工程现场检测

1. 混凝土、砂浆、砌体强度现场检测；
2. 钢筋保护层厚度检测；
3. 混凝土预制构件结构性能检测；
4. 后置埋件的力学性能检测。

(三)建筑幕墙工程检测

1. 建筑幕墙的气密性、水密性、风压变形性能、层间变位性能检测；
2. 硅酮结构胶相容性检测。

(四)钢结构工程检测

1. 钢结构焊接质量无损检测；
2. 钢结构防腐及防火涂装检测；
3. 钢结构节点、机械连接用紧固标准件及高强度螺栓力学性能检测；
4. 钢网架结构的变形检测。

二、见证取样检测

1. 水泥物理力学性能检验；
2. 钢筋(含焊接与机械连接)力学性能检验；
3. 砂、石常规检验；
4. 混凝土、砂浆强度检验；
5. 简易土工试验；

6. 混凝土掺加剂检验；

7. 预应力钢绞线、锚夹具检验；

8. 沥青、沥青混合料检验。

附件二：检测机构资质标准

一、专项检测机构和见证取样检测机构应满足下列基本条件：

（一）专项检测机构的注册资本不少于100万元人民币，见证取样检测机构不少于80万元人民币；

（二）所申请检测资质对应的项目应通过计量认证；

（三）有质量检测、施工、监理或设计经历，并接受了相关检测技术培训的专业技术人员不少于10人；边远的县（区）的专业技术人员可不少于6人；

（四）有符合开展检测工作所需的仪器、设备和工作场所；其中，使用属于强制检定的计量器具，要经过计量检定合格后，方可使用；

（五）有健全的技术管理和质量保证体系。

二、专项检测机构除应满足基本条件外，还需满足下列条件：

（一）地基基础工程检测类

专业技术人员中从事工程桩检测工作3年以上并具有高级或者中级职称的不得少于4名，其中1人应当具备注册岩土工程师资格。

（二）主体结构工程检测类

专业技术人员中从事结构工程检测工作3年以上并具有高级或者中级职称的不得少于4名，其中1人应当具备二级注册结构工程师资格。

（三）建筑幕墙工程检测类

专业技术人员中从事建筑幕墙检测工作3年以上并具有高级或者中级职称的不得少于4名。

（四）钢结构工程检测类

专业技术人员中从事钢结构机械连接检测、钢网架结构变形检测工作3年以上并具有高级或者中级职称的不得少于4名，其中1人应当具备二级注册结构工程师资格。

三、见证取样检测机构除应满足基本条件外，专业技术人员中从事检测工作3年以上并具有高级或者中级职称的不得少于3名；边远的县（区）可不少于2人。

二、安徽省建设工程质量管理办法

（安徽省人民政府令　第203号）

第一章　总　则

第一条　为了加强建设工程质量管理，保证建设工程质量，保障人民生命和财产安全，根据《中华人民共和国建筑法》和国务院《建设工程质量管理条例》等有关法律、法规，结合本省实际，制定本办法。

第二条　在本省行政区域内从事建设工程的新建、扩建、改建等有关活动以及实施对建设工程质量的监督管理，应当遵守本办法。法律、法规另有规定的，从其规定。

本办法所称建设工程，是指土木工程、建筑工程、线路管道和设备安装工程以及装修工程。

第三条　建设、勘察、设计、施工、监理单位依法对建设工程质量负责。

施工图设计文件审查机构、工程质量检测机构分别对审查结论、检测或者鉴定报告的真实性、准确性负责。

第四条　县级以上地方人民政府建设行政主管部门负责本行政区域内建设工程质量的监督管理。交通、水利等有关部门在各自职责范围内，负责本行政区域内专业建设工程质量的监督管理。

建设、交通、水利等有关部门所属的建设工程质量监督机构负责具体实施建设工程质量监督管理工作。

第五条　从事建设工程活动，应当严格执行建设工程质量法律、法规以及工程建设标准、规范，保证建设工程质量。

各级人民政府及有关部门不得违法干预建设工程活动和建设工程质量监督管理活动。

第六条　鼓励采用先进的科学技术和管理方法，提高建设工程质量，倡导创建优质工程、科技示范工程和用户满意工程。

第二章　建设单位的质量责任

第七条　建设单位应当依法委托具有相应资质等级的勘察、设计、施工、监理、检测单位承担工程有关业务，并依法签订合同，明确质量标准和质量责任。

第八条　建设单位应当设立工程项目管理机构或者委托监理单位负责工程质量管理，建立工程质量管理制度，并明确有关管理人员的质量责任。

依法实行强制监理的建设工程，建设单位应当委托监理单位负责工程监理。

第九条　建设单位不得要求勘察、设计、施工单位违反法律、法规和工程建设强制性标准，降低工程质量或者压缩勘察、设计和施工的合理周期。对重大和复杂的建设工程，建设单位应当与勘察、设计单位签订现场服务合同。

建设单位不得要求监理单位违反法律、法规和工程建设强制性标准，降低工程质量标准进行工程监理。

第十条　建设单位应当按照国家有关规定，将施工图设计文件送施工图设计文件审查机构（以下称施工图审查机构）审查。

建设单位可以自主选择施工图审查机构，但是施工图审查机构不得与所审查项目的建设、勘察、设计单位有隶属关系或者其他利害关系。

施工图设计文件未经审查合格的，不得使用。

第十一条　经审查合格的施工图设计文件，涉及公共利益、公众安全或者工程建设强制性标准的，任何单位或者个人不得擅自修改。确需修改的，应当由原设计单位修改或者经原设计单位书面同意，由建设单位委托其他具有相应资质的设计单位修改，并经原施工图审查机构审查合格。

第十二条　建设单位应当在领取施工许可证前，向所在地建设工程质量监督机构提供有关材料，办理工程质量监督手续。建设工程质量监督机构应当自收到材料之日起5日内，签发工程质量监督通知书。

建设工程造价在10万元以下的，可以不办理工程质量监督手续。

建设单位在办理工程质量监督手续时，应当按照国家规定缴纳建设工程质量监督费。建设工程质量监督费纳入财政预算管理，专项用于建设工程质量监督管理工作。

第十三条　建设单位应当在建设工程竣工验收7日前将竣工验收方案和验收日期书面报告所在地建设工程质量监督机构。

列入城建档案接收范围的建设工程，建设单位在组织竣工验收前，应当提请城建档案管理机构对工程档案进行预验收。预验收合格后，由城建档案管理机构出具工程档案认可文件。建设单位在取得工程档案认可文件后，方可组织工程竣工验收。

建设工程质量监督机构应当于验收之日到场监督，发现有违反工程质量管理规定行为的，应当责令有关责任单位整改或者责令建设单位重新组织竣工验收。

第十四条　与建设工程竣工验收有关的规划、公安消防、环保等部门应当参加建设单位组织的竣工验收。确需单独验收的，应当在收到建设单位竣工验收申请之日起20日内出具书面竣工验收意见。

建设工程竣工验收合格的，参加竣工验收的单位应当及时签署工程竣工验收报告。竣工验收报告应当包括：工程概况，工程验收意见，验收单位签章，规划、公安消防、环保等部门出具的认可意见，建设工程质量监督机构对验收的监督意见等。

建设工程经竣工验收合格的，方可交付使用。

第十五条　建设工程竣工验收合格后，建设单位应当在工程适当部位镶嵌标识牌，标明工程名称和建设、勘察、设计、施工、监理单位名称以及工程开工日期、竣工日期、竣工备案号等内容。

第十六条　建设单位应当自建设工程竣工验收合格之日起15日内，将建设工程竣工验收报告等有关材料报建设工程质量监督机构备案。

建设单位应当自建设工程竣工验收合格之日起3个月内,将建设项目档案移交给建设行政主管部门或者交通、水利等有关部门。

第十七条 建设工程竣工验收时发现存在难以弥补的质量缺陷,建设单位在建设工程交付使用时应当告知工程所有者或者管理者,获得其接收认可,并赔偿损失。建设工程交付使用后,发现有违反国家有关建设工程质量管理规定,影响工程使用或者导致安全隐患的,工程所有者或者管理者有权要求建设单位在合理期限内无偿修理、返工、改建,并赔偿损失。

第十八条 建设工程交付使用时,建设单位应当向工程所有者或者管理者出具工程使用说明书和工程质量保证书,并提供工程竣工验收报告供其查阅、复制。

第三章 勘察、设计单位和施工图审查机构的质量责任

第十九条 勘察、设计单位应当依据项目批准文件、城市规划、工程建设强制性标准以及国家规定的建设工程勘察、设计深度要求等进行勘察、设计,并对勘察、设计的质量负责。

第二十条 勘察、设计文件应当符合下列要求:

(一)符合有关法律、法规和规章的规定;

(二)符合国家和省有关工程勘察、设计的技术标准、质量管理规定以及合同约定;

(三)提供的地质、测量、水文等勘察资料真实、准确;

(四)设计文件的编制深度符合要求,施工图设计文件配套齐全。

勘察、设计文件不符合前款规定,需由勘察、设计单位修改勘察、设计文件的,勘察、设计单位不得另行收取勘察、设计费用;造成工程质量问题的,勘察、设计单位应当承担相应的责任。

第二十一条 设计单位在设计文件中不得选用国家和省禁止使用的建筑材料、建筑构配件和设备;除有特殊要求的建筑材料、专用设备、工艺生产线等外,不得指定生产或者供应单位。

第二十二条 勘察、设计单位应当在建设工程开工前,向施工单位和监理单位说明勘察、设计意图,解释勘察、设计文件,并负责解决施工过程中与勘察、设计有关的技术问题,按照国家和省有关规定参加各阶段的验收。

第二十三条 施工图审查机构依法对施工图设计文件中的下列内容进行审查:

(一)是否符合工程建设强制性标准;

(二)地基基础和主体结构的安全性;

(三)勘察、设计单位及其注册执业人员是否按规定在施工图上加盖相应的图章和签字;

(四)法律、法规和规章规定应当审查的其他内容。

第二十四条 施工图审查机构按照国家规定的期限对施工图设计文件进行审查后,按照下列规定作出处理:

（一）审查合格的，向建设单位出具审查合格书，并于审查合格书发放后5日内将审查情况报工程所在地建设行政主管部门或者交通、水利等有关部门备案。

（二）审查不合格的，应当书面说明原因，并将审查中发现的建设单位和勘察、设计单位违反法律、法规和工程建设强制性标准等情况，报告工程所在地建设行政主管部门或者交通、水利等有关部门。

施工图设计文件经审查不合格的，建设单位应当要求原勘察、设计单位进行修改，并将修改后的施工图设计文件报原施工图审查机构审查。

第二十五条 对不符合法律、法规和工程建设强制性标准的施工图设计文件，施工图审查机构予以审查合格，给建设单位造成损失的，依法承担相应的责任。

第四章 施工单位的质量责任

第二十六条 施工单位对建设工程的施工质量负责。施工单位应当按照国家有关规定，建立健全施工质量管理制度，落实施工质量责任。

第二十七条 施工单位应当按照施工技术标准和经审查合格的施工图设计文件进行施工，并在施工前按照有关规定编制施工组织设计或者施工方案。

施工单位不得擅自修改设计文件，不得偷工减料。

第二十八条 施工单位应当按照国家和省有关规定对建筑材料、建筑构配件、设备和建筑制品进行检验。

施工单位可以委托具有相应资质等级的工程质量检测机构承担检验工作。

涉及结构安全的试块、试件以及有关材料的见证取样检测，应当按照有关规定，由建设单位委托工程质量检测机构检测。

第二十九条 经检验不符合工程设计要求、施工技术标准和合同约定的建筑材料、建筑构配件和设备，施工单位不得使用，并及时通知监理单位和报告建设工程质量监督机构。

对建设单位要求使用不合格建筑材料、建筑构配件和设备，施工单位应当拒绝。

第三十条 施工单位应当建立健全施工质量检验制度。隐蔽工程在隐蔽前，施工单位应当通知建设单位、监理单位到场检查、验收，并报告建设工程质量监督机构。

对建设单位或者其他有关单位违反工程建设强制性标准、降低工程质量的要求，施工单位应当拒绝。

第三十一条 建设工程在施工中出现质量问题，施工单位应当负责返修，返修费用及由此造成的损失由责任方承担。当事人有异议的，可以向建设工程质量监督机构申请组织认定或者依法向人民法院起诉。

建设工程发生质量事故的，施工单位应当立即采取措施，防止损失扩大，并按照国家和省规定的程序、时限向所在地建设行政主管部门或者交通、水利等有关部门报告。

第三十二条 建设工程竣工，应当符合国家和省规定的竣工条件，达到工程设计文件以及承包合同的要求。

建设工程竣工后，施工单位应当向建设单位提交竣工报告和完整的施工技术资料，并向建设单位出具质量保修书和使用说明书。

第五章　监理单位的质量责任

第三十三条　监理单位应当依照法律、法规以及有关标准、经审查合格的设计文件、建设工程承包合同和监理合同，对施工质量实施监理，并对施工质量承担监理责任。

第三十四条　监理单位应当建立项目监理机构，选派具有相应资格的总监理工程师和监理工程师进驻施工现场，按照工程监理规范的要求对建设工程实施监理。对建设工程地基基础和主体结构等重要的工程部位、重要工序和隐蔽工程，应当实行旁站监理。

第三十五条　工程监理人员对工程使用的建筑材料、建筑构配件和设备的质量有异议的，有权进行抽查。对施工单位违反规定使用建筑材料、建筑构配件和设备的，应当予以制止；制止无效的，应当立即通知建设单位，并报告建设工程质量监督机构。

施工单位不按照经审查合格的施工图设计文件施工或者有违反法律、法规、工程建设强制性标准和合同约定行为的，工程监理人员应当予以制止；制止无效的，应当立即通知建设单位，并报告建设工程质量监督机构。

第三十六条　对建设单位违反有关法律、法规和工程建设强制性标准的要求，监理单位应当拒绝执行。建设单位直接向施工单位提出上述要求的，监理单位应当及时报告建设工程质量监督机构。

第三十七条　监理单位应当及时进行工程检查、验收，出具真实、完整的监理报告。

建设工程竣工后，监理单位应当如实出具工程质量评估报告。

第六章　工程质量检测机构的质量责任

第三十八条　工程质量检测机构（以下称检测机构）应当具有相应的资质，并依法从事工程质量检测活动。

禁止检测机构以其他检测机构的名义承担工程质量检测业务。禁止检测机构允许其他单位或者个人以本单位的名义承担工程质量检测业务。

检测机构不得转让工程质量检测业务。

第三十九条　检测机构根据有关规定接受委托，按照法律、法规和有关标准进行工程质量检测或者鉴定。

委托检测机构检测的试样，应当在委托人和有关当事人的见证下，按照规定取样。

第四十条　检测机构在检测或者鉴定过程中，发现涉及结构安全检测或者鉴定结果不合格的情况，应当及时报告建设工程质量监督机构。

第四十一条　检测机构完成检测或者鉴定工作后，应当按照国家有关规定，及时出具检测或者鉴定报告。

检测机构不得伪造检测或者鉴定数据，不得出具虚假的检测或者鉴定报告。

第四十二条　检测机构应当建立健全档案管理制度。检测或者鉴定合同、原始记录、检测或者鉴定报告等应当分别按照年度统一编号，不得涂改、抽撤。

检测机构应当单独建立检测或者鉴定结果不合格项目台账，并定期报告建设工程质量监督机构。

第七章　建设工程质量保修和安全性鉴定

第四十三条　建设工程实行质量保修制度。工程保修期限依照法律、法规的规定确定，法律、法规未作规定的，由建设单位与施工单位约定，但是最低不得少于2年。

建设工程的保修期，自竣工验收合格之日起计算。

第四十四条　建设单位、施工单位依法向建设工程所有者或者管理者承担保修责任。建设单位、施工单位可以通过采用建设工程质量保证金、工程质量保险或者按照规定与工程所在地其他施工单位签订保修合同等方式承担保修责任。

建设工程在保修期限内因勘察、设计、施工等原因造成质量缺陷的，由施工单位负责保修，费用由责任方承担；监理单位、施工图审查机构、检测机构有过错的，依法承担连带责任。

因发生超过设计标准的地震、洪水等不可抗力或者因使用不当造成建设工程损坏的，不属于质量保修范围。

第四十五条　建设工程在保修范围和保修期限内发生质量问题，工程所有者或者管理者应当及时通知建设单位或者其委托的保修单位（以下统称保修单位）。保修单位应当自接到通知之日起3日内到达现场查看，提出维修方案，经工程所有者或者管理者同意后进行维修；对有安全隐患或者严重影响使用功能的质量缺陷，保修单位接到保修通知后，应当立即到达现场抢修。工程所有者或者管理者对维修方案有异议的，保修单位应当征得工程原设计单位或者建设工程质量监督机构同意后，方可进行维修。

保修单位自接到通知之日起3个月内不能完成维修或者同一质量缺陷经维修3次仍影响使用的，工程所有者或者管理者报告建设工程质量监督机构同意后，可以自行维修，维修费用由责任单位承担。

建设工程在保修范围和保修期限内因维修给工程所有者或者管理者造成损失的，责任单位应当承担相应的赔偿责任。

第四十六条　因建设工程质量保修责任发生纠纷的，当事人可以向建设工程质量监督机构申请组织认定或者依法向人民法院起诉。

第四十七条　建设工程在使用中出现下列情形的，工程所有者或者管理者应当委托检测机构进行安全性鉴定：

（一）因火灾、爆炸和自然灾害等影响工程安全的；

（二）房屋改变功能用作公共活动场所的；

（三）因装修拆改主体结构或者明显加大房屋荷载，造成房屋安全受损的；

（四）建设工程结构严重损坏或者承重构件属危险构件，有可能丧失结构稳定和承载能力，不能保证使用安全的；

（五）建设工程或者其涉及安全的某个部分超过设计规定的合理使用年限的。

工程所有者或者管理者违反前款规定，拒不进行安全性鉴定，可能影响他人或者公众安全的,由建设行政主管部门或者交通、水利等有关部门委托检测机构鉴定,鉴定费用由工程所有者或者管理者承担。

对存在严重安全隐患的建设工程,在鉴定结论作出前,建设行政主管部门或者交通、水利等有关部门应当责令工程所有者或者管理者采取必要的防护措施。

第四十八条 建设工程被鉴定为不能满足安全使用标准的,建设行政主管部门或者交通、水利等有关部门应当区别情况,作出观察使用、处理使用、停止使用、整体拆除的处理决定。

第四十九条 对建设工程质量有异议,或者对检测机构出具的检测或者鉴定报告有异议的,当事人可以委托省人民政府建设行政主管部门授权的检测机构进行检测或者鉴定;对其检测或者鉴定报告仍有异议的,可以向当地设区的市建设工程质量监督机构或者省建设工程质量监督机构申请组织认定或者依法向人民法院起诉。

第八章 监督管理

第五十条 县级以上地方人民政府建设行政主管部门和交通、水利等有关部门应当按照各自职责,依法加强对建设工程质量的监督管理。

建设工程质量监督机构应当依法履行工程质量监督管理职责。

第五十一条 县级以上地方人民政府建设行政主管部门和交通、水利等有关部门应当加强对建设工程质量监督机构实施建设工程质量监督管理工作的指导、监督。

建设工程质量监督机构的工作人员应当接受建设工程质量监督业务培训、考核,考核不合格的,不得从事建设工程质量监督管理工作。

第五十二条 县级以上地方人民政府建设行政主管部门和交通、水利等有关部门应当建立建设工程质量违法行为记录和查询系统,记载建设工程质量违法行为及处理结果,向社会提供查询服务。

第五十三条 县级以上地方人民政府建设行政主管部门和交通、水利等有关部门应当建立举报制度,公开举报电话号码、通信地址或者电子邮件地址,受理有关建设工程质量问题的举报。

任何单位和个人对建设工程的质量事故、质量缺陷和质量违法行为,均有权向县级以上地方人民政府建设行政主管部门或者交通、水利等有关部门举报,建设行政主管部门或者交通、水利等有关部门应当及时受理,并在30日内依法处理。

第九章 法律责任

第五十四条 违反本办法规定,施工图审查机构有下列行为之一的,责令限期改正,处5 000元以上3万元以下的罚款:

(一)未按规定的审查内容进行审查的;

(二)未按规定报告审查过程中发现的违法行为的。

第五十五条 违反本办法规定,监理单位有下列行为之一的,责令限期改正,处5 000

元以上3万元以下的罚款：

（一）对施工单位不按照经审查合格的施工图设计文件施工或者有违反法律、法规、工程建设强制性标准和合同约定行为，未予以制止或者未报告的；

（二）对建设单位违反有关法律、法规和工程建设强制性标准的要求，未拒绝执行的；

（三）未按照规定及时进行工程检查、验收的。

第五十六条 违反本办法规定，检测机构有下列情形之一的，责令改正，处5 000元以上3万元以下的罚款：

（一）未取得相应资质承担工程质量检测业务的；

（二）以其他检测机构的名义承担工程质量检测业务的；

（三）允许其他单位或者个人以本单位的名义承担工程质量检测业务的；

（四）转让工程质量检测业务的；

（五）未按照法律、法规和有关标准进行工程质量检测或者鉴定的；

（六）未按照规定报告检测或者鉴定不合格事项的；

（七）伪造检测或者鉴定数据，出具虚假检测或者鉴定报告的；

（八）档案资料管理混乱，造成检测数据无法追溯的。

第五十七条 依照本办法第五十四条、第五十五条、第五十六条规定，给予单位罚款处罚的，对单位直接负责的主管人员和其他直接责任人员处单位罚款数额5%以上10%以下的罚款。

第五十八条 本办法规定的行政处罚，由县级以上地方人民政府建设行政主管部门或者交通、水利等有关部门依照法定职权决定。

第五十九条 县级以上地方人民政府及建设、交通、水利等有关部门和建设工程质量监督机构的工作人员，在建设工程质量监督管理工作中，有下列行为之一的，依法给予行政处分；构成犯罪的，依法追究刑事责任：

（一）违法干预建设工程活动和建设工程质量监督管理活动的；

（二）在建设工程竣工验收过程中，发现有违反工程质量管理规定行为，未责令有关责任单位整改或者未责令建设单位重新组织竣工验收的；

（三）对存在严重安全隐患的建设工程，未按照本办法规定采取相应的处置措施的；

（四）对有关建设工程质量的投诉和举报，未及时受理并依法处理的；

（五）索取、收受贿赂的；

（六）有其他玩忽职守、滥用职权、徇私舞弊行为的。

第十章 附 则

第六十条 本办法自2007年8月1日起施行。

三、安徽省建设工程质量检测管理规定

(安徽省建设厅　建管[2006]385 号)

第一章　总　则

第一条　为了加强对全省建设工程质量检测的管理,根据《中华人民共和国建筑法》、《建设工程质量管理条例》、《安徽省建筑市场管理条例》、建设部《建设工程质量检测管理办法》,结合我省实际,制定本规定。

第二条　在我省行政区域内从事建设工程质量检测活动以及实施对建设工程质量检测活动的监督管理应遵守本规定。

第三条　本规定所称建设工程质量检测活动(简称质量检测活动),包括检测机构和非检测机构的工程质量检测活动。

检测机构的质量检测活动是指:对工程成品、半成品质量性能的抽样检测(鉴定),对进入施工现场的建筑材料、构配件和设备的取样检测(鉴定)。

非检测机构的工程质量检测活动包括:①企业试验活动:指建筑业企业试验室依据企业质量保证体系要求对本企业施工的入场原材料、设备、半成品的质量参数进行验证性试验以及对其施工或生产的工程半成品、成品进行检测的活动;②监理单位的试验活动:指工程项目监理机构在平行检验时利用一定的检测手段,在施工单位自行检验的基础上,按照一定的比例独立进行的检测活动。

第四条　省建设行政主管部门负责全省建设工程质量检测机构资质审批,对全省建设工程质量检测活动及检测试验能力评估活动实施统一监督管理。

各市、县建设行政主管部门负责本行政区域内检测活动的监督管理。

各级建设工程质量监督机构承担监督管理的具体工作。

第五条　检测机构从事工程质量检测活动应取得相应的资质。

第二章　检测机构资质管理

第六条　检测机构资质按其检测能力和业务范围,分为见证取样检测机构资质、专项检测机构资质。

检测机构相应类别的资质标准和业务范围见附件一、附件二。

第七条　检测机构申请资质应提交下列资料:

(一)《检测机构资质申请表》一式三份;

(二)工商营业执照原件及复印件;

(三)资质标准规定的技术人员的职称证书、身份证、社会保险合同、岗位证书原件及复印件；

（四）技术人员的职称证书、社会保险合同、相关检测技术培训情况登记表；

（五）检测机构的管理制度及质量控制措施；

（六）上述材料的电子文档（证书证件提供扫描版，其他材料提供 Word 或 Excel 格式）。

第八条 检测机构申请资质扩项应提交上述第七条中（一）、（六）项资料，扩项涉及资质类别增加、要求人员条件提高的，还应提供（三）、（四）、（五）项中涉及增加的有关材料。

第九条 资质审查分为资料审查、实地查验及专家评审。

省政务中心建设厅窗口受理检测机构资质申请材料，一次性告知申请单位需要补正的内容。对审查符合条件的检测机构，省建设行政主管部门按行政许可法规定的时间完成资质审批工作，颁发《建设工程质量检测机构资质证书》（以下简称资质证书）。

第十条 《资质证书》分为正本和副本，由省建设行政主管部门统一印制，正本和副本具有同等法律效力，副本中列出批准的具体检测项目。资质证书有效期为 3 年。

第十一条 检测机构应在资质证书有效期届满 30 日前提出资质延期申请并提供相关材料，经发证机关复查合格后，资质证书有效期延期 3 年；逾期未申请复查的单位，资质证书自行作废。检测机构在资质有效期内发生下列行为之一的，不予延期。

（一）超出资质范围从事检测活动的；

（二）转包检测业务的；

（三）涂改、倒卖、出租、出借或以其他形式非法转让资质证书的；

（四）伪造检测数据，出具虚假检测（鉴定）报告的；

（五）未按国家有关技术标准、规范要求进行检测或违反工程建设强制性标准，造成质量安全事故或致使事故损失扩大的。

第十二条 检测机构变更名称、地址、法定代表人、技术负责人，应当在工商部门办理变更登记手续（技术负责人除外）后 30 日内，向省建设行政主管部门提出变更申请，报送有关变更证明资料，办理变更手续；破产、撤销、歇业的，应当在 30 日内将资质证书交回省建设行政主管部门予以注销。

第十三条 检测机构有下列情形之一的，资质审批机构应当依法办理检测机构的资质注销手续：

（一）资质有效期届满，未重新核定资质的；

（二）检测机构破产、撤销、歇业的；

（三）检测机构取得资质后发生合并、分立的。

第十四条 检测机构取得资质后可以在异地设立检测试验室（简称试验室）。试验室开展的检测业务不能超出母体机构的资质范围，母体机构对试验室的质量行为负责，并负有管理试验室职责。

试验室的仪器设备、试验环境、在岗人员（职称、社会保险合同、持证上岗等）条件应符合检测机构资质标准。见证取样检测能力应不低于母体机构资质中的 4 项，持证检测人员数不少于 6 人。

检测机构在异地设立试验室，应填写《建设工程质量检测机构增设试验室申请表》，提供对试验室负责人的任命文件、对试验场地、仪器设备拥有产权（或 3 年以上使用权）的证明、管理试验室的制度和保证检测质量的措施等材料。

经审查符合条件的试验室，资质管理部门应在检测机构资质证书副本的“检测机构变更栏”给予登记并公布。

试验室使用母体机构资质图章对外出具检测报告，检测资料管理纳入母体机构管理体系；试验室只能以母体机构名义对外签订合同、承接检测业务。

试验室的不良质量行为记入母体机构的《工程质量检测机构信用手册》。

试验室撤销，母体机构应在 30 日内向资质审批部门报告注销。

第十五条　任何单位和个人不得伪造、出借、转让资质证书，不得非法扣押、没收资质证书。

检测机构遗失资质证书，应当在有效的公众媒体上声明作废，并携带有关证明材料向省建设行政主管部门申请补办。

第三章　检测行为规范

第十六条　检测机构应在省建设行政主管部门许可的检测范围内开展业务，不得无证或超越许可范围承揽资质管理范围内的业务。

检测活动必须执行国家、行业和本省颁布的有关规范、规程和技术标准，检测（鉴定）报告应当真实、准确。

第十七条　检测机构应当建立健全质量保证体系，确保检测质量。

第十八条　检测机构应参加经省建设工程质量监督机构批准的能力验证活动，能力验证不合格的项目应在限期内整改，整改后仍不合格者，资质管理部门对其检测能力进行重新核定。

第十九条　检测试验人员应当持证上岗。检测机构技术、质量负责人还要具有中级以上技术职称、3 年以上质量检测工作经历。

检测试验人员不得同时受聘于两个检测机构，不得挂靠检测。

第二十条　检测机构和检测人员不得推荐或监制建设工程材料、构配件和设备；检测机构不得与行政机关、法律、法规授权的具有管理公共事务职能的组织有隶属关系；检测机构承揽属于与自身有隶属关系或利害关系的建设、管理、设计、材供、施工、监理单位的检测项目时，其检测结果不具有公正效力。

第二十一条　工程质量检测业务的委托应当有利于检测结果的公正性。国家有规定的按规定执行，没有规定的，有关当事方协商确定。

委托方与被委托方应签订书面合同，合同内容包括委托检测内容、执行标准、责任义务以及争议裁决等。

第二十二条　检测机构完成检测业务后，应及时形成检测（鉴定）报告，检测（鉴定）报告应包含下述基本信息：

（一）委托单位，委托日期，检测日期，检测类别，材料（产品）名称，检测项目，检测方法，执行标准，主要检测仪器，检测结果、结论意见，检测、审核、批准人；

（二）见证取样检测的检测报告还应当注明见证人姓名及单位；

（三）专项报告和工程鉴定报告还应包括工程概况、取样方式及部位、检测内容、评定结果及其他相关记录和技术资料；

（四）检测（鉴定）报告应有检测人、审核人签名，授权签字人签发，报告封面要加盖检测机构公章（或检测专用章）、资质图章，多页检测报告应在侧面骑缝处加盖检测专用章。

检测（鉴定）报告不符合上述规定以及内容不全的，不得作为工程质量评定（处理）的依据。

第二十三条 工程质量检测试样的取样应当执行国家、本省有关标准和规定，符合当事人的约定。取样人员应当具备相关的检测取样知识，取样人员与取样方案应获得工程质量检测单位同意。提供质量检测试样的单位和个人，应当对试样的真实性负责。

第二十四条 见证取样按照国家有关规定执行。见证人由建设单位或工程监理单位具有监理岗位证书或具备检测试验知识并经该工程质量检测机构同意的专业技术人员担任。建设单位或者工程监理单位应当在工程开工前，拟定见证人，并将见证人单位、姓名等基本情况书面告知所委托的检测机构。

第二十五条 检测机构应当建立完整的检测资料档案管理制度。检测合同、委托单、原始记录、检测报告应当按年度统一连续编号归档，不得随意抽撤、涂改。

检测机构及其试验室必须单独建立不合格试验项目台账，真实记录不合格检测对象的信息，接受建设行政主管部门和工程质量监督机构的检查。出现不合格项目应及时向当地工程质量监督机构报告，影响结构安全的应在24小时内报告。

第二十六条 实行检测信息季度上报制度。各检测机构于每季度第一个月的10日前将上季度所承担的工程检测项目的基本情况以电子数据的形式向注册地建设工程质量监督站报送。

检测机构按年度向省建设工程质量监督机构报送《检测机构基本情况一览表》，承担工程质量鉴定的检测机构还应按季度报送《检测鉴定中发现的工程质量安全隐患情况登记表》。

检测机构及其试验室应与工程质量监督机构建立信息联网。工程质量监督机构等管理部门不得利用掌握的检测信息影响检测机构的经营活动。

第二十七条 检测机构不得转包检测业务。转包是指检测机构将其承包的检测项目部分或者全部转包给其他检测机构的行为。对于检测项目中的个别参数，属于检测设备昂贵或使用率低或本机构设备临时出现故障需要由其他检测机构进行该项目参数检测的，按分包检测对待。分包方应具备相应的资质、能力。检测项目需要分包时，应将分包事项以书面形式征得委托方同意。

检测机构应保留所有分包资料，对分包检测结果负责，同分包任务的承检机构一起向委托单位承担连带法律责任。

第二十八条 检测机构应当将检测过程中发现的建设单位、监理单位、施工单位、设计单位等违反有关法律、法规和工程建设强制性标准的情况，及时报告工程所在地建设主管部门或工程质量监督机构。

第二十九条 检测结果利害关系人对检测结果有争议的，应委托省级建设行政主管部门授权的检测机构（也可委托各方共同认可的检测机构）复检，复检结果由提出复检方报工程质量监督机构备案；对复检结果仍有异议的，可申请省工程质量检测行业协会组织论证。

第三十条 外省检测机构入皖开展检测业务，应到省建设行政主管部门备案，并接受工程所在地建设行政主管部门的监督管理。检测机构备案应提交的材料有：《检测机构入皖检测备案申请表》、资质证书副本和《信用手册》（或所在地资质审批部门出具的信用证明）、入皖检测配备的仪器设备清单、入皖检测人员岗位证书。从事见证取样材料检测的，应当在检测业务所在地建立符合要求的试验室。

本省检测机构跨市承接检测业务，应向工程所在地工程质量监督机构报告。

第三十一条 检测机构承担建设工程结构可靠性鉴定、重大工程质量事故鉴定和工程质量检测争议复检，应获得省建设行政主管部门授权。

第三十二条 工程质量检测行业协会可以依据国家、本省有关规定和规则对检测机构、建筑业企业、监理单位的检测能力进行评估，检测试验能力评估实行自愿申请原则。

第四章 监督管理

第三十三条 县级以上人民政府建设行政主管部门及其工程质量监督机构应当加强对检测活动的监督管理，建立辖区内检测机构和检测人员的信用档案，及时纠正违反法律、法规、规范标准和检测管理有关规定的行为。

第三十四条 省建设工程质量监督机构负责制定建设工程质量检测试验人员培训考核大纲，安排能力验证活动，监督指导检测行业协会的检测试验能力评估活动和业务培训活动。

第三十五条 建设行政主管部门和工程质量监督机构实施监督检查时，有权采取下列检查措施：

（一）进入检测活动的工作场地（包括施工现场）进行抽查；

（二）就有关监督检查事项询问有关人员；

（三）要求检测机构或委托方提供相关的文件和资料，需要时可对有关试样的检测资料进行抽样取证；

（四）对有证据表明弄虚作假、管理混乱或有其他违法违规行为的，对有关试样、技术资料、设备予以先行登记保存；

（五）查验能力比对试验结果以验证检测机构的检测能力；

（六）发现有不符合国家有关法律、法规、工程建设标准和检测规范要求的检测行为时，责令改正。

第三十六条 建设行政主管部门及其工程质量监督机构依据检测机构的守法情况，

对其实施差别化管理。同一级建设行政主管部门及其工程质量监督机构在一年内到同一单位的试验室检查次数原则上不超过两次,对守法者可减为一次,对违法者可增为3个月一次。

监督检查不得干预检测机构的正常检测活动。

第三十七条 检测机构、检测业务委托方以及检测活动的相关当事人违反《建设工程质量检测管理办法》和本规定的,由县级以上人民政府建设行政主管部门及其工程质量监督机构依据有关规定责令整改,依法处罚责任者,并记不良行为记录。

第三十八条 检测机构有下列不良行为之一的,由行为发生地工程质量监督机构或省级工程质量监督机构责令限期改正并记不良行为记录:

(一)使用过期资质证书、能力评估证书从事检测的,或超出允许范围从事检测活动的;

(二)未按本规定履行报告义务的;

(三)承接与自身有隶属关系或利害关系单位的检测业务而未申明的;

(四)拒绝接受建设行政主管部门及其工程质量监督机构的监督检查,或无正当理由拒绝参加经批准的能力验证活动的;

(五)采取不正当竞争手段,严重扰乱检测市场秩序的;

(六)检测人员无证上岗,或故意使用同时受聘在两家检测单位的检测人员的;

(七)检测仪器未按规定检定的;

(八)有违反本《规定》的其他情形的。

第三十九条 检测机构在资质证书有效期内有不良行为记录的半年内不受理其资质扩项申请,被记两次不良记录的从第二次记录时起停止其承接能力评估范围内检测业务3个月;建设行政主管部门发现检测机构不再符合相应资质标准的,可责令其限期整改,逾期不改的,可报请资质审批部门变更其许可范围或撤销其资质证书。

非检测机构在质量检测试验活动中有违规行为的依照《建设工程质量管理条例》等有关规定进行处理,并记不良记录。

第四十条 各级建设行政主管部门应当建立投诉受理和处理制度,公开投诉电话、地址和电子邮件信箱。经核查情况属实的依据管理权限对检测机构作出相应的处理决定,超出权限的上报省建设行政主管部门,并于30日内将处理意见答复投诉人。

第四十一条 行政机关和法律法规授权的具有管理公共事务职能的单位及个人不得非法干预有关单位正常的检测活动。

第四十二条 工程质量检测行业协会开展检测能力评估、组织检测能力比对试验以及培训活动,必须遵守国家和省有关规定,接受省级建设行政主管部门及其工程质量监督机构的管理和监督。

检测行业协会在上述活动中有违规违纪行为的,依据国家有关规定进行处理,并追究相关人员责任。

第四十三条 建设行政主管部门、工程质量监督机构及其工作人员,在检测机构资质审批、监督管理活动中出现违规行为的,依照《中华人民共和国行政许可法》、《建设工程质量管理条例》、《建设工程质量检测管理办法》等有关规定追究其法律责任。

第五章　附　则

第四十四条　本规定由安徽省建设厅负责解释。

第四十五条　本规定自2007年1月1日起实施。

附件一：建设工程质量检测机构资质标准

安徽省建设工程质量检测机构的资质分为见证取样检测、专项检测两类。申报建设工程质量检测资质的单位，必须满足相应资质标准的要求，并依据实际检测能力对照《安徽省工程建设检测项目参数表》（以下简称《参数表》）选择所开展检测项目的具体检测参数。《参数表》备注栏标有▲的，是必备检测参数。

一、见证取样检测机构、专项检测机构应满足下列基本条件：

（一）独立法人单位；

（二）专项检测机构注册资本不少于100万元人民币，见证取样检测机构注册资本不少于80万元人民币；

（三）有质量检测、施工、监理或设计经历，并按规定获得相应培训合格登记的专业技术人员不少于10人，边远区（县）专业技术人员可不少于6人；

（四）有符合开展检测工作所需的仪器、设备和工作场所；其中，使用属于强制检定的计量器具，要经过计量检定合格后，方可使用；

（五）有健全的技术管理和质量保证体系。

二、见证取样检测机构必须具备见证取样检测业务内容中6项以上检测能力，除满足基本条件外，专业技术人员中从事检测工作3年以上并具有中级以上职称的不得少于3名；边远区（县）可不少于2人。

三、专项检测机构必须具备专项检测业务内容中的一类或几类项目检测的能力，除满足基本条件外，还需满足下列条件：

（一）地基基础工程检测类

获得培训合格登记的专业技术人员中从事工程桩检测工作3年以上并具有高级或者中级职称的不得少于4名，其中1人应当具备注册岩土工程师资格。

（二）主体结构工程类

获得培训合格登记专业技术人员中从事结构工程检测工作3年以上并具有高级或者中级职称的不得少于4名，其中1人应当具备二级注册结构工程师资格。

（三）钢结构工程检测类

获得培训合格登记的专业技术人员中从事钢结构连接检测、钢网架结构变形检测工作3年以上并具有高级或者中级职称的不得少于4名，其中1人应当具备二级注册结构工程师资格。

（四）建筑幕墙工程检测类

获得培训合格登记的专业技术人员中从事建筑幕墙检测工作3年以上并具有高级或者中级职称的不得少于4名。

（五）室内环境质量检测类

获得培训合格登记的专业技术人员中从事室内环境质量检测工作2年以上并具有高级或者中级职称的不得少于3名。

（六）建筑节能检测类

获得培训合格登记的专业技术人员中从事建筑节能检测相关工作2年以上并具有高级或者中级职称的不得少于3名。

附件二：质量检测业务内容

一、见证取样检测

（一）水泥物理力学性能检测；

（二）钢筋（含焊接与机械连接）力学性能检验；

（三）砂、石常规检验；

（四）混凝土、砂浆配合比和试块强度检验；

（五）砌墙砖、空心砌块、加气混凝土砌块检验；

（六）简易土工试验；

（七）混凝土掺加剂检验；

（八）预应力钢绞线、锚夹具检验；

（九）沥青和沥青混合料检验；

（十）防水材料常规项目检验；

（十一）国家规定必须实行见证取样和送检的其他试块、试件和材料的检测。

二、专项检测

（一）地基基础工程检测

1. 地基及复合地基承载力静载检测；

2. 桩的承载力检测；

3. 桩身完整性检测；

4. 锚杆锁定力检测；

（二）主体结构工程现场检测

1. 混凝土、砂浆、砌体强度现场检测；

2. 钢筋保护层厚度检测；

3. 混凝土预制构件结构性能检测；

4. 后置埋件的力学性能检测；

（三）建筑幕墙工程检测

1. 建筑幕墙的气密性、水密性、风压变形性能、层间变位性能检测；

2. 硅酮结构胶相容性检测；

3. 硅酮结构胶剥离粘结性检测。

(四)钢结构工程检测

1. 钢结构焊接质量无损检测；

2. 钢结构防腐及防火涂装检测；

3. 钢结构节点、机械连接用坚固标准件及高强螺栓力学性能检测；

4. 钢网架结构的变形检测；

5. 钢材、钢铸件力学性能检测。

(五)室内环境质量检测

1. 土壤氡浓度检测；

2. 室内空气中氡、甲醛、苯、氨及 TVOC 浓度检测；

3. 室内装饰材料有害物质浓度检测。

(六)建筑节能检测

1. 建筑外门、外窗的“三性”及传热系数检测；

2. 建筑构件热阻或传热系数检测；

3. 建筑材料导热系数检测；

4. 外墙外保温系统的耐候性与抗风压检测；

5. 建筑节能规范和技术标准要求的其他检测项目。

四、安徽省建设工程检测试验人员管理办法

（安徽省建设厅　建管[2003]313 号）

第一章　总　则

第一条　为了保证建设工程检测试验的工作质量，规范建设工程检测试验人员（简称检测试验员）的行为，实现对检测试验人员的科学管理，根据《中华人民共和国建筑法》、《建设工程质量管理条例》、《安徽省建筑市场管理条例》等有关法律法规，制定本办法。

第二条　本办法适用于在安徽省范围内从业的检测试验人员的资格登记、培训考核和监督管理工作。

第三条　检测试验员是指在建设工程检测试验活动中，从事建筑材料、构配件、设备及室内环境、桩基、结构等工程实体质量的检测试验或审核、签发检测试验报告的专业技术人员。

第四条　检测试验员必须严格执行国家有关法规和技术标准，从事与岗位证书相适应的检测试验工作。任何单位和个人不得干涉检测试验员公正履行职责。

第五条　安徽省建设厅负责全省建设工程检测试验员管理工作。安徽省建设工程质量安全监督机构负责承办全省检测试验员培训、考核、资格登记和监督管理工作。

第二章　检测试验员的条件

第六条　检测试验员必须具备下列条件：

一、遵守国家法律、法规，恪守检测试验员职业道德；

二、具有中等专业以上学历且专业对口，工作满一年；或具有高中以上文化程度，工作满两年；

申请岗位资格前两年内经过相关检测试验业务培训，并且考核合格。

第七条　下列人员不得担任检测试验员：

一、合同聘用期少于两年的临时聘用人员；

二、因弄虚作假、伪造检测数据或结论，被吊销岗位证书未满五年的人员。

第三章　培训与发证

第八条　承担检测试验员培训的单位应有相应的师资力量、使用规定的培训教材，有供实习操作的场所。

第九条　培训单位应对检测试验员进行理论考试和实习操作考核，并对培训成绩进

行记录。

第十条 检测试验员的岗位资格分为初级、中级和高级三种。

一、符合第二章规定的可获取初级岗位资格；

二、具有助理工程师以上资格，从事检测试验工作 3 年以上，并符合第二章规定的可获取中级岗位资格；

三、具有工程师以上资格，从事检测试验工作 5 年以上，并符合第二章规定的可获取高级岗位资格。

第十一条 检测试验员从业范围分普通类和特种类。

一、普通类分普通一类：砂、石、水泥、钢材、混凝土、砂浆试块等常规材料试验；普通二类：混凝土、砂浆回弹、贯入检测。

二、特种类分特种一类：室内环境检测；特种二类：桩基检测，分为静载、低应变、高应变、声波透射法等；特种三类：其他（要具体标明）。

第十二条 检测试验员实行岗位资格登记制度。申请检测试验员岗位资格者应填写岗位资格申请表，经省辖市建设行政主管部门或其委托的建设工程质量监督机构初审合格，由省建设工程质量安全监督机构审核登记、颁发省建设厅岗位资格证书。检测试验员岗位资格证书是从业的岗位资格证明。

第十三条 岗位资格证书实行定期复查，三年一次，期满前三个月由资格申请人提交续期登记申请，并附岗位资格证书。末提交相关材料或不符合登记条件者不予续期登记。

第十四条 检测试验员申请上一个级别的岗位资格，应参加统一组织的考试，考试合格且符合相应等级条件者，可予以升级。

第十五条 检测试验员增加检测从业范围，应申请岗位资格扩项登记。检测试验员调换单位，应办理岗位变更登记。

第十六条 岗位资格登记（含升级、扩项、变更）申请由省建设工程质量安全监督机构每季度受理一次。

第四章　权利和义务

第十七条 检测试验员享有以下权力：

一、在岗位资格证书登记范围内进行建设工程检测试验活动；

二、独立行使检测、签字权力，出据真实准确的检测报告；

三、有权拒绝执行各种违反检测规章的意见和命令，对弄虚作假行为进行抵制；

四、取得中级岗位资格证书的检测试验员，具有本岗位资格范围内普通类检测试验报告的审核权；

五、取得高级岗位资格证书的检测试验员，具有本岗位资格范围内检测试验报告的审核权；

六、取得审核权的检测试验员，根据单位的规定，可获得检测试验报告的签发权。

第十八条 检测试验员应履行以下义务：

一、对检测试验项目所依据检验标准的有效性和原始数据负责，对其所审核项目工作质量和报告结论负责；

二、熟悉并严格执行国家和行业有关法规、技术标准和规范；

三、熟练掌握所承检测试验项目的检验方法、规程，恪守职业道德，秉公办事；

四、对提供的检测试验成果质量负责，对检测试验仪器设备负有日常维护保养、保证仪器设备正常安全运行的责任；

五、在检测试验中发现有严重质量、安全问题时，应向所在单位或有关主管部门及时报告；

六、保护委托方的合法权益及专利权，不得将委托方提供的专有资料翻印传播或用于技术性开发。

第五章　监督管理

第十九条　检测试验人员有下列行为之一的，由当地建设（筑）行政主管部门或其委托的工程质量监督机构根据情节轻重予以通报批评，记载不良记录，或申请省建设工程质量安全监督机构吊销其岗位资格：

一、以个人名义对外出具检测试验报告；

二、在非其岗位资格登记单位从事经营性检测试验活动；

三、超越岗位资格登记范围进行检测试验工作；

四、伪造检测试验数据或结论；

五、违反工作职责、玩忽职守，造成检测试验数据或结论严重错误或者给被检单位造成严重损失。

第二十条　检测试验员离岗达半年者记不在岗一次，复查期内被记不在岗两次者，注销其岗位资格。

持证人员所在单位应建立检测试验人员技术档案，定期报告岗位变动情况，加强行业自律，配合建设行政主管部门做好日常监督管理。

第二十一条　被注销岗位资格者，一年后可重新申请岗位资格。被吊销岗位资格者，五年后方可重新申请岗位资格。

第六章　附　　则

第二十二条　本办法由安徽省建设工程质量安全监督机构负责解释。

第二十三条　本办法自发布之日起执行，以前我厅发布的有关规定与本办法不一致的，以本办法为准。原《安徽省建设工程质量检测试验人员管理办法（试行）》（建管字1995）475 号）停止执行。

附表一 安徽省建设工程检测试验人员岗位资格登记(首、续期)申请表

<table>
<tr><td>单位</td><td colspan="5"></td><td rowspan="4">照片</td></tr>
<tr><td>姓名</td><td></td><td>性别</td><td></td><td>身份证号</td><td></td></tr>
<tr><td>学历</td><td></td><td>专业</td><td></td><td>职称</td><td></td></tr>
<tr><td>申请岗位资格登记的从业范围、等级</td><td colspan="5"></td></tr>
<tr><td>业务培训情况</td><td colspan="2"></td><td>考核结果</td><td colspan="3"></td></tr>
<tr><td>从事检测试验工作经历</td><td colspan="6"></td></tr>
<tr><td>所在单位意见</td><td colspan="2">单位(章)
年 月 日</td><td>市级管理机构意见</td><td colspan="3">单位(章)
年 月 日</td></tr>
<tr><td>省建设工程质安监督机构意见</td><td colspan="6">单位(章)
年 月 日</td></tr>
</table>

附表二　安徽省建设工程检测试验人员岗位扩项、升级登记申请表

<table>
<tr><td>单位</td><td colspan="6"></td><td rowspan="4">照片</td></tr>
<tr><td>姓名</td><td></td><td>性别</td><td></td><td>身份证号</td><td colspan="2"></td></tr>
<tr><td>学历</td><td></td><td>专业</td><td colspan="2"></td><td>职称</td><td></td></tr>
<tr><td>职务</td><td></td><td colspan="2">岗位证书号</td><td colspan="3"></td></tr>
<tr><td>申请岗位资格登记的从业范围、等级</td><td></td><td>业务培训考试情况</td><td></td><td>已登记岗位资格的从业范围、等级</td><td colspan="3"></td></tr>
<tr><td>所在单位意见</td><td colspan="2">单位(章)
年　月　日</td><td>市级管理机构意见</td><td colspan="4">单位(章)
年　月　日</td></tr>
<tr><td>省建设工程质安监督机构意见</td><td colspan="7">单位(章)
年　月　日</td></tr>
</table>